JN083730

PCパーツの選びかた

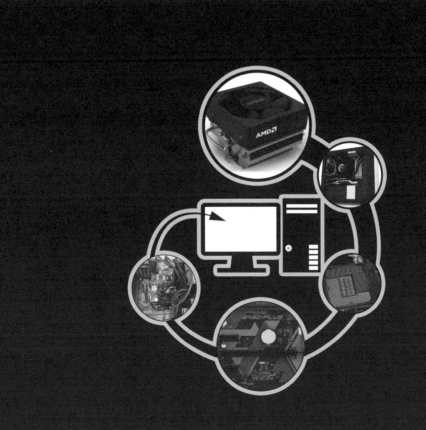

はじめに

　「パソコンは長く使ってきたけれど、Web の閲覧やメールをしたり、仕事で WORD や EXCEL を使ったりするくらいしかしていない」「パソコンについてもっと知識を深めたいし、パソコンの自作にも興味あるけれど、どこからはじめていいか分からない」

　本書は、そんなアプリを使ってきただけのユーザーの、「パソコンのハードウェアに興味をもち」「パソコンの知識をレベルアップさせる」手助けをするための指南書です。

　「PC の自作をするときに、どのようにパーツを選べばいいか」「初心者が陥りやすい失敗は何か」など、自作の経験が豊富なベテランユーザーが解説します。

＊

　後半では、自作 PC 初心者が、初めて PC を作り上げるまでの手順を、1枚1枚写真に撮って、レポートを載せています。

　それぞれの記事を参考にして、「アプリしか使えないユーザー」から、「パソコンも組み立てられるユーザー」にパワーアップしてみてください。

　きっと、まわりの視線も変わってくると思います。

I/O 編集部

PC パーツの選びかた

CONTENTS

第1章

自作PCの楽しみかた

■ 英斗恋

「ノートPC」が専用設計で薄型を追求する中、「ゲームPC」や「動画処理」など、高性能が必要な分野で、「デスクトップPC」が復権しています。

「自作PC」は、うまくパーツを入れ替えていれば、長く使えて、トータル・コストでも優位になります。

*

本章では、「自作PCの楽しみかた」と、「主要パーツと自作のトレンド」を紹介します。

1-1　「自作PC」の面白さ

　直販のメーカー製PCも、ある程度カスタマイズできますが、自作PCでは数多くのパーツから自由に選び、思いどおりのPCを作れます。

■ パーツが標準化された「デスクトップPC」

　「筐体」や「基板」が一体の「ノートPC」とは異なり、「デスクトップPC」は、業界標準の「物理的」「電気的」仕様に従った、さまざまなパーツが販売されています。

　そのため、個人でパーツを購入してPCを組み立てることが、非常に容易になりました。大手量販店でもパーツを扱っており、店員と相談し、安心して購入できます。

■ ブランドによらないパーツの選択

　市販のPCは、市場での「ブランド・イメージ」からか、「CPU」「GPU」が特定のメーカーに偏っており、必ずしもコスパで最適とは限りません。

　一例として、AMD製CPUは2020年にシェアを伸ばしましたが、Intelの新製品投入後、メーカー製PCでは採用が限られるようになりました。

図1-1　AMDのデスクトップ向け最上位CPU
AMD「Ryzen 9 5950X」のパッケージ

「CPU」は、自作パーツ市場でも品薄ですが、うまく購入すれば、「高コスパ」を実現できます。

■ 機能の選択・独自の装飾

Lenovo「Legion」、Dell「ALIENWARE」、HP「OMEN」など、大手メーカーも「ゲームPC」に力を入れ、「高精細」「高リフレッシュレート表示」「高速・大容量記憶装置」と、特化した仕様のPCを発売しています。

しかし、通常のPCと比べて高価です。

「自作PC」では、予算に合わせて必要な部分だけ強化し、後からのアップグレードも容易です。

「水冷ファン」や「LED装飾」など、「メーカー製PC」にないカスタマイズも、自在です。

1-2 CPUは「Intel」か「AMD」か

■ 高性能なデスクトップ用CPU

近年のPCは「放熱対策」が重要になり、CPUやGPUが内蔵の温度センサで温度上昇を検出すると、クロックが自動的に下がるなど、「放熱の効率」はパフォーマンスに影響します。

「ノートPC」は放熱の物理的限界から、発熱量が低い「省電力CPU」を搭載しており、「Intel」「AMD」ともに、高性能(=高発熱量)のCPUは「デスクトップPC」用に販売されています。

■ コスパがよい「AMD」

「AMD」は、「アーキテクチャ」や「プロセス・ルール」の微細化で「Intel」に先行し、Intel製品より安価に販売しているため、CPU単体では高コスパです。

ただし、「CPU」は「マザーボード」と組になっており、「AMD CPU」を選択すると、マザーボード選択の幅が狭まるため、「CPU」と「マザーボード」の組で、「価格」や「性能」を検討します。

1-3　メモリは「DDR4」か「DDR5」か

現在、「DDR4」が普及している中、「DDR5」の普及が始まりました。

■ 安価な「DDR4」と、高価で品薄な「DDR5」

規格上の最大「データ・レート」は、「DDR4」の「3200MT/s」に対し、「DDR5」では2倍の「6400MT/s」です。

ただし、「DDR5」は、「CPU」と「マザーボード」両方に対応している必要があり、「CPU」については現時点で「Intel 第12世代CPU」に限られています。

「DDR5メモリ」の供給が非常に限られている中、自作PCならば、さしあたり「DDR5対応」の「CPU」「マザーボード」と、「DDR4メモリ」でPCを組み、あとで「DDR5」メモリに換装することもできます。

1-4　「ケース」は"凝りたい"ところ

「ファッショナブル」なものから「質実剛健」なものまで、さまざまなケースが販売されています。自作PCでいちばん凝りたい部分です。

■ 融通の利く「大型ケース」

現在の主流は、かつての「タワー型」よりも若干小さい「mid-tower ATX」ですが、「ゲームPC」を含む"通常用"としては充分な容量です。

各パーツの大きさは共通のため、パーツを入れ替えた後も、ケースは使えるでしょう。

図1-2 前面・側面を強化ガラスパネルにし、内装部品の配置やLED
が見える、"ミッドタワー PCケース"、「CORSAIR iCUE 220T」

　パーツや電飾が見えるように、側面がガラスやメッシュになっている製品が多くあります。

■ 省スペース・ケース

　「省スペース機」は、専用設計のメーカー製PCが先行していますが、標準パーツで組む自
作PCでも、「省スペース」のケースがあります。

図1-3 Mini-STXケース「SilverStone VT01」

　ただし、「省スペース・ケース用」のマザーボードは、選択肢が狭くなる上に、「電源ユニット」「CPUクーラー」などの限界高が厳しいため、各パーツが収まるか、事前に充分に検討する必要があります。

図1-4　AMD Ryzen 9純正クーラー
特にAMDの一部純正クーラーは高さがある。

1-5 パフォーマンスに影響する「クーラー」

■ 簡易水冷クーラー

　冷却水を循環させ、ラジエータにファンを取り付けて、筐体外に排熱する水冷クーラーは、非常に効率が良い冷却パーツです。

　一方、経年劣化や取り付け不良などで水漏れが起こると、火災の危険性があり、メーカー製PCでの採用は限られています。

　冷却水を封入した「水冷クーラー」は、「CPU」「GPU」に簡単に取り付けることができます。

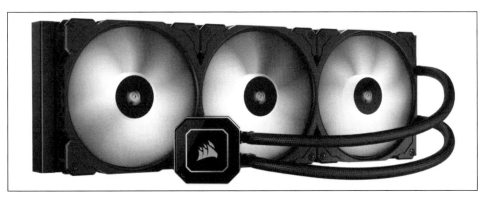

図1-5　水冷式 CPU クーラー「iCUE H115i ELITE CAPELLIX」

■ 自作水冷クーラー

水冷機構をパーツで購入、ケース内に配管し、自作することもできます。

①冷却液を貯める「リザーバ」、②冷却液を循環させる「ポンプ」、③CPUやGPUに設置させて吸熱する「ウォーター・ブロック」、④「ウォーター・ブロック」内蔵のグラフィックボードの給排水口にパイプを接続する「アダプター」、⑤放熱板「ラジエータ」をパイプで結び、「冷却液」(coolant)を循環させます。

図1-6　「Pacific C360 DDC Hard Tube Water Cooling Kit」(Thermaltake)

1-6 ケースにあった「マザーボード」「電源」を選ぶ

「電源」と「マザーボード」は、ケース内の指定位置に取り付けます。

「グラフィックボード」や「CPUファン」を取り付けると、ケース内の取り付け場所によっては、「電源」と「マザーボード」の出っ張りがぶつかり、組み立てられない場合があるため、ケース内の物理的な配置を確認してから購入するといいでしょう。

■ 規格化されたサイズ

「マザーボード」のサイズは、「ATX」「Micro-ATX」「Mini-ITX（17cm角）」、「Mini-STX」（5インチ＝12.7cm角）と形状が規格化されており、基本的にどのマザーボードでもケースに収まります。

図1-7　省スペース・ケース用マザーボード
「GIGABYTE Mini-STX GA-H310MSTX-HD3(rev. 1.0)」

「マザーボード」は、基本的に最新のものが望ましく、型落ちのものは最新の「CPU」や「メモリ」に対応しているか、慎重に確認します。

■ 電源

「電源」は、グラフィックボードのように消費電力が大きい周辺機器の分も見積り、余裕のある定格容量の製品を選択します。

「電源」は変換効率によって、「ブロンズ」「シルバー」「ゴールド」…とランク付けされています。

電気料金を考えると、高価な高変換効率の製品が元を取れるわけではありませんが、高変換効率の製品は放熱量も低く、ケース内の温度が上がりにくい利点があります。

1-7 発熱量が多い「グラフィックボード」

■ 高性能の「水冷式グラフィックボード」

「4K・60fps対応」と、グラフィックの要求が高くなり、高性能なグラフィックボードが普及しています。

発熱量が多いことから、「水冷式のラジエータ」を備えた製品も販売されています。

図1-8　水冷クーラー内蔵グラフィックボード
「GIGABYTE AORUS GeForce RTX2080 SUPER WATERFORCE 8G」

各パーツのどこに重点を置くか、またどのようにアップグレードしていくか、計画立案は腕の見せどころです。

第2章

PCを構成するためのパーツ

■ なんやら商会

　パソコンを自作するときは、「組み立て」よりも「パーツ選び」に時間がかかります。

　組み立てはプラモデルと同じで、慣れてしまえば意外に簡単に、スムーズにできてしまいますが、「パーツ選び」は、そうはいきません。

　パーツは常に進化し、選択肢も多いため、非常に悩まされます。

　しかし、自作PCの醍醐味はそこにあり、「パーツ選びに悩むときが、自作PCの最大の楽しみ」とも言えます。

＊

　本章では、PCを構成する「最低限必要なパーツ」の役目と、「規格などから選び出すポイント」を解説していきます。

2-1　PCの構成に最低限必要なパーツ

■ 最新PCの構造を図解

「パソコンは普通に使ってきたけど、自分でパソコンを作った経験はない…。」「自分には自作PCは難しそうだ」と思っている人も多いでしょう。

　しかし、実際には、規格に合わせて作られている各種「パーツ」を組み付けるだけで、比較的簡単にオリジナルのパソコンを組み上げることができます。

＊

　まずは、パソコンを組み上げるために最低限必要になる「パーツ」と、パーツの「規格」など自作をする上でポイントになるところを紹介します。

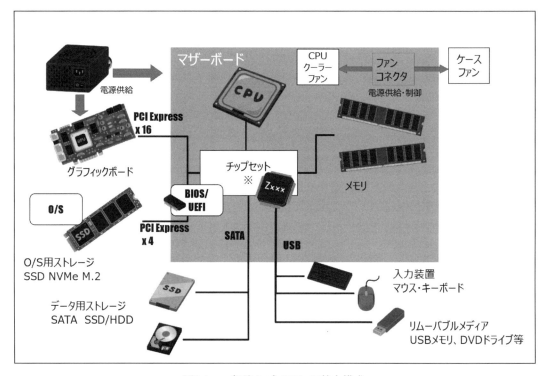

図2-1　一般的なパソコンの基本構成

　※図2-1は、分かりやすさを優先して、一部表現を省略。
　　「Intel」のCPUは、高速な入出力処理は「ノースブリッジ」、低速な入出力処理は「サウスブリッジ」に分かれる。
　　また、「AMD」のCPUは、実際には「CPU」と「メモリ」は直結していて、チップセットを経由していない。

2-2 PCを構成する「パーツ」の「役割」

パソコンの自作に必要な、基本パーツを解説します。

■ CPU(中央処理装置)

「CPU」は、記憶装置上にある「プログラム」と呼ばれる命令列を順に読み込んで、解釈し実行することで、情報を加工します。

基本的な計算を担う役目があり、パソコンでは中心になるパーツです。

*

CPUは「チップセット」を介して、「メモリ」や「入出力回路」に接続され、何段階かの「入出力回路」を介して、「補助記憶装置」や「表示装置」、「通信装置」などの周辺機器が接続され、「データ」や「プログラム」など情報のやり取りをします。

最近のCPUであれば、「グラフィック処理機能」が内蔵されているものも多く、そういったものであれば、「グラフィックボード」をあえて購入する必要はありません。
(ただし、そこまで高性能はではない。)

*

自作するときに選ぶCPUのメーカーは、基本的には「Intel」と「AMD」の2社で、「エントリークラス」から「ハイエンド」まで、幅広いラインナップのCPUが販売されています。

*

まずはCPUを決めてから、それを基準にして各種パーツを選んでいくのが、基本的なパーツの揃え方です。

図2-2 「Intel」と「AMD」のCPU
新品はこのような箱に収められて販売されている。

表2-1　Intelの主なCPUまとめ

世代	コードネーム	ソケット	対応チップセット	メモリ規格	デスクトップ向けCPU代表例
第8世代 2017〜	Coffee Lake	LGA1151	H310 B360 Z370など	DDR4	Core i7 8700K
第9世代 2018〜	Coffee Lake Refresh	LGA1151		DDR4	Core i7 9700K
第10世代 2020〜	Comet Lake (-S)	LGA1200	H410 B460 Z490など	DDR4	Core i7 10700K
第11世代 2021〜	Rocket Lake (-S)	LGA1200	H510 B560 Z590など	DDR4	Core i7 11700K
第12世代 2022〜	Alder Lake (-S)	LGA1200	H610 B660 Z690など	DDR4 /DDR5	Core i7 12700K

表2-2　AMDの主なCPUまとめ

世代	コードネーム	対応チップセット	ソケット	メモリ規格	デスクトップ向け代表例
Zen+ 2018〜	Pinnacle Ridge(Ryzen / Colfax(Ryzen Threadripper	B350 X370	AM4	DDR4	Ryzen 7 2700X
Zen2 2019〜	Matisse / Castle Peak	B450 X470	AM4	DDR4	Ryzen 7 3800X
Zen3 2020〜	Vermeer	B550 X570 など	AM4	DDR4	Ryzen 7 5800X

　「Intel」と「AMD」のCPUを、「Windows11対応以降」を条件にまとめました(**表2-1、2-2**)。

*

　近年、性能でAMDに後れを取っていた「Intel」ですが、最近ようやく追い付いてきました。それに対して「AMD」は、次世代CPUの出荷直前です。

　大きな「モデル・チェンジ」に合わせて、PC自作をすれば、後でパーツを流用しやすいため、そのタイミングを狙うのもいいでしょう。

*

　CPUが決まったら、各種パーツを選んでいきます。

■ CPUクーラー

　「CPU」は動作時に高熱を発するため、「CPUクーラー」という冷却機器の取り付けが必須になります。

　規格としては「CPUソケット」ごとに専用品があり、基本的にはそれを購入して取り付けます。
　ただし、ケースの形状などによって制約が出ることがあるため、注意が必要です。
　また、「CPUクーラー」を取り付ける際には、冷却効率を高めるために、「CPU」と「CPUクーラー」の接着面に、「CPUグリス」を塗布することが必要です。

■ マザーボード

　「マザーボード」は、パソコンを組み立てる上での、最も主要な電子回路基板であり、パソコンの配線の中心になります。。

＊
　マザーボードの「基板サイズ」は規格で決まっていて、

① ATX
② micro-ATX
③ Mini-ITX

の3種類がよく使われています。

　自作PCが、「小型化」を目指すのか、「拡張性」を重視するのか、など、目的に応じてサイズを選びます。

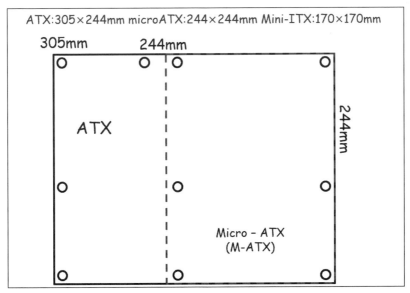

図2-3　ATX規格の大きさ比較

　以下のように、マザーボード上にはさまざまな「パーツ」や「コネクタ」が、あらかじめ備わっています。

■ チップセット

　マザーボードの性能を左右する部品であり、接続されているハードウェアや、グラフィック、サウンドなどを制御します。

　「チップセット」は、CPU世代ごとに開発され、「エントリーモデル」と「ハイエンドモデル」で、拡張性や性能に違いが出てきます。

■ CPUソケット

　「CPUソケット」は、「CPU」をはめ込む部品です。
　使用予定の「CPU」や「チップセット」で、「CPUソケット」の規格が異なります。

　「Intel」は「ソケット」に「ピン」が生えていて、CPUの切り欠きに合わせてピンに載せます。逆に、「AMD」はCPUに「ピン」が生えていて、「ソケット」の穴に挿し込むところが違います。

　「Intel」のソケットは、ソケット上に物を落とすとピンが折れて壊れることがあるので、扱いには注意が必要です。

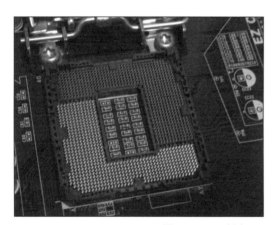 

図2-4　Intel（左）、AMD（右）のCPUソケット

■ メモリ・ソケット

　メモリをはめ込む部品です。
　使用予定のチップセットで、規格が異なります（規格については、後述します）。

図2-5 DDR4規格の「メモリ・ソケット」
規格によって切り欠きの位置が異なる。

■ BIOSとUEFI

　「BIOS」(Basic Input Output System)とは、ハードウェアを制御するために、マザーボードに保存されているプログラムです。

　パソコンの電源を入れると、「BIOS」が起動し、OSがインストールされているストレージを読み、「OS」を起動します。

*

　その「BIOS」に変わる最新の規格が、「UEFI」(Unified Extensible Firmware Interface)です。

　以前は「BIOS」が使われていましたが、「ディスクサイズの制限」や「セキュリティの観点」から、より高度な機能をもたせるために「UEFI」へ移行されつつあり、「Windows11」からは「UEFI」が必須になっています。

*

　「BIOS/UEFI」は、メーカーから「アップデート・プログラム」が配布されることがあり、アップデートすることで、新たなCPUへの対応や、細かな機能アップができます。

　しかし、アップデートに失敗すると、マザーボードが使えなくなる恐れもあるので、実施するには注意が必要です。

　また、「BIOS」や「UEFI」の設定値を保持し、時計を動作させるために「ボタン電池」が使われています。
(よく使われているのは、以下にある**図2-6**の丸い形の「**CR2032**」電池)

■ ATX電源コネクタ

　「ATX電源コネクタ」とは、マザーボード本体に電源を供給するための差込口です。
「20PIN＋4PIN」(**図2-5**の上部)が最近の主流です。

■ EPS12Vコネクタ

　「ハイエンドCPU用電源」の「8ピン」と、「ATX12V」という「4ピン」の規格があります。

■ SATAコネクタ

「SATA」に対応した「ドライブ用ケーブル」を接続するためのコネクタで、「ハードディスク」「SSD」「光学ドライブ」などを接続します。

■ PCI Expressスロット

「拡張カード」や「ビデオカード」を接続するスロットです。

＊

一般的なマザーボードの場合、「PCI Express x16」サイズのスロットが1〜3個程度（サイズとしては「x16」だが内部的には「x8」のものもある。）、「PCI Express x1」スロットが1〜3個程度が装備されています。

「x16」スロットには、「グラフィックボード」など「高速な通信が必要な」拡張ボードを、「x1」スロットには、「LANカード」や「SATA」など「比較的低速な通信（一昔前から考えると充分高速であるが…）でいい」拡張ボードを挿して使います。

図2-6　PCI-Express スロット
長いのが「x16」、短いものが「x1」

■ M.2スロット

内蔵拡張カードの「フォームファクタ」と「接続端子」について定めた規格です。

＊

「M.2スロット」は、「PCI Express x4」と1つの「SATA 3.0 6Gbps」ポートを端子内に備えており、「PCI Express」機器と「SATAストレージ」機器を、「M.2カード」として接続できます。

　背景として、「SSD」の性能向上によって「読み取り」「書き込み」速度が速くなり、SATA規格では「SSD」の速度を生かすことができなくなったことがあります。

　高性能な「SSD」を生かすために、高速通信可能な「PCI Express」接続する「NVMe規格SSD」をOS用に使い、実行速度を向上させるのがトレンドになりつつあります。

■ USBコネクタ

　(1)ケースの外部から接続するための「USBコネクタ」と、(2)PCケースに用意されているUSBコネクタを接続するための内部コネクタの、2種類があります。

■ 冷却ファンコネクタ

　「CPUクーラー」や、ケースに取り付ける「冷却ファン」を動作させるためのコネクタです。「3ピン」のものと「4ピン」のものがあり、「4ピン」は高度なファン制御(PWM)ができます。

■ 電源スイッチ、リセット・スイッチ、電源LED

　「PCケース」に用意されている「電源スイッチ」や「リセット・スイッチ」に接続するための「ピン」が準備されています。
　近年、「ピン・アサイン」はほぼ規格化されているため、コネクタを挿すだけで使えることが多くなりました。

■ その他

　「スピーカー」や「マイク」の音響関係のコネクタや、CPU内蔵グラフィック機能を出力するための「DVI-D」「HDMI」「ディスプレイポート」のコネクタがあり、必要に応じて使います。

■ メモリ（主記憶装置）

　「メモリ」は、パソコンの「メイン・バス」などに直接接続されていて、「プログラムの実行」や「情報の一時保管」などを行なう「記憶装置」です。

　「SSD」や「ハードディスク」など、外部バスに接続されて比較的CPUから離れていて大容量だが遅いものを「補助記憶装置」とした場合に、「メモリ」は「レイテンシ」や「スループット」は非常に速いが小容量です。

　「メイン・メモリ」「一次記憶装置」とも呼ばれます。
　図2-7のように、メモリ規格は、新規格の「DDR5」への移行が始まりつつあります。

発売年度	メモリ規格	一般的な規格の速度(MT/s)
2014〜	DDR4 SDRAM	DDR4-1866 〜 DDR4-3200
2021〜	DDR5 SDRAM	DDR5-4800

大きさ	用途
DIMM	デスクトップ向け
SIMM	ノート向け

図2-7　メモリの規格
「メモリ自体の規格」と「大きさの規格」があることに注意。

■ ストレージ（補助記憶装置）

「補助記憶装置」は、外部バスに接続されていて、メインのバスに直接接続される「メモリ」と比較すると、「レイテンシ」や「スループット」は遅いですが、大容量です。

「OS」をインストールしたり、「データ・ファイル」などを保存したりする「SSD」や「HDD」のことです。

「接続方法」としては、(A)「M.2スロット」を介して「PCI Express接続」する方法と、(B)「SATAコネクタ」(SSD,HDD)を介して接続する方法——の2種類が一般的です。

図2-8　ストレージの例
左が「M.2 NVMe SSD」、右が「3.5インチHDD」

■ 電源

　各パーツへ電力を供給するためには、パソコン用の電源回路を収めたユニットの標準規格に準じた「ATX電源」を使います。

　「400W～1200W」くらいのものが一般的に販売されており、また電源の電力変換効率を示す規格として、「80 PLUS」が存在します。

表2-3　80PLUS規格の各電気変換効率

電源負荷率	総容量に対する消費電力の割合(115V)			
	10%	20%	50%	100%
80 Plus Standard		80%	80%	80%
80 Plus Bronze		82%	85%	82%
80 Plus Silver		85%	88%	85%
80 Plus Gold		87%	90%	87%
80 Plus Platinum		90%	92%	89%
80 Plus Titanium	90%	92%	94%	90%

　「ATX電源」には、以下のような「コネクタ」があり、役割について簡単に説明します。

●PCメイン電源コネクタ（20ピン＋4ピン）
　マザーボードへ接続します。前項参照。

●ATX12V 4ピン/EPS12V 8ピン兼用
　マザーボードへ接続します。前項参照。

●SATA電源コネクタ
　内蔵「SSD」、「HDD」、「DVD」などのドライブ類に使います。

●6ピン/8ピンPCI Express補助電源コネクタ
　「グラフィックボード」など、"補助電源"が必要な拡張ボードに接続して使います。

●その他
　「ペリフェラル 4ピンコネクタ」「FDD 4ピンコネクタ」などがありますが、「ケースファン」など、アクセサリ類への電源供給に補助的に使われるのみで、最近ではあまり使われていません。

■ PCケース

使い勝手、安全性、耐久性、スペース効率を上げるため、各種部品はケース内に収納する必要があります。

*

基本的には、「マザーボード」の大きさ（ATX、micro-ATX、Mini-ITX）によってケースの大きさが決まります。

また、拡張性は劣りますが、専用のマザーボードが付属した、超小型ベアボーンキットもあります。

■ グラフィックボード（必要に応じて）

「CPU」が「グラフィック機能」を搭載していない場合は、「グラフィックボード」が必要になります。

「CPU内蔵のグラフィック機能」を使う場合は、「マザーボード」の「映像出力端子」を使ってモニタに接続します。

昨今、「グラフィックボード」の価格が上昇しているため、安価にPCを自作するのであれば、「グラフィック機能を内蔵しているCPU」を使って組み上げ、いずれ落ち着いたら「グラフィックボード」を追加する、という流れもありかと思います。

■ マウス、キーボード

以前は「PS/2」という規格で接続していました」が、最近はUSB接続が一般的です。

■ モニタ

23インチ前後、フルHD 2K（1920×1080）あたりが、扱いやすく、価格もこなれてきていて、一般的な選択肢となると思います。

接続方法としては、「ディスプレイ・ポート」「HDMI」「DVI-D」の3種類があります。
接続するパソコンに付いている端子に合わせて選びます。

2-3 自作PCの目的

■ まずは何をしたいか決めよう

　自作PCを組み立てる際に、「そのパソコンでどんなことがしたいか」をイメージすることが重要です。

　目的次第で、必要(こだわりをもつ)なパーツが変わってきます。

<例>

PCゲームがしたい…
お絵描き、作図がしたい…
動画を編集したい…
省スペースにしてリビングで使いたい…
マイニング…
……etc.

　また、自作PCの副効果として、グレードアップするときに同じケースを使いまわして、中のパーツのみを交換していれば、見た目は変わらないので「お金をつぎ込んでいることが家族にバレない」という利点もあります(笑)。

図2-9　自作PCの例1　一般的なPCケース(ちょっと古いですが…)

図2-10　自作PCの例2　「マイニング・リグ」
冷却性能と密度をためるため、フルオープン

図2-11　自作PCの例3　「ストレージ容量特化」
ベイすべてにHDDを搭載。合計10台(40TB)

2-4 自作PCパーツ選びのポイント

■ CPU

　前述した目的に応じた性能に基づき、最初に選択するパーツになります。Intel/AMDそれぞれでポイントを説明します。

表2-4　性能のイメージ

モデル　　（Intel/AMD）	選択イメージ
Corei 9/Ryzen 9	性能を極めるならば。
Corei 7/Ryzen 7	ゲーム目的ならこのぐらいほしい
Corei 5/Ryzen 5	ゲーム用の最低ライン
Corei 3/Ryzen 3	一般的な用途なら
Celeron,Pentium/ 該当モデル無し	省電力を徹底したいならば

●Intelの注意点

　内蔵グラフィック搭載/非搭載（末尾Fモデル）、CPUクーラー付属有無が各モデルに混在しています。

　付属しないモデルを選択すると、追加で「グラフィック・ボード」や「CPUクーラー」を購入する必要があるので、注意が必要です。

●AMDの注意点

　基本は「内蔵グラフィック非搭載」で、「内蔵グラフィック」が必要な場合は、末尾「Gモデル」の選択が必要です。（ただし、あまり種類がない）

　そして、「高性能モデル」には「CPUクーラー」は付属されていないため、別途購入が必要です。

　また、同じ「CPUソケット（AM4）」で新旧世代の製品が並行販売されており、同じモデルでも性能が異なります（古いほうが性能は劣るが安価）。

　予算と気持ちで決めればよいかと思います。

図2-12　自作PCのCPUは、「Intel」か「AMD」が選ばれる

●CPUクーラー

CPUに付属している「CPUクーラー」(「リテール・クーラー」と呼ぶ)があれば、それを使うのが間違いないです。

しかしながら、別売りの「CPUクーラー」を使うことによって、「静音性」を高めたり「冷却性」を上げて、CPUの能力をフル活用することができます。

ただし、別売りのCPUクーラーを購入する際の注意点がいくつかあります(**下記**)。

<注意点>

・CPUのTDP (熱設計電力)に合った製品を購入します。

「TDP」が不足すると、CPUの過熱を処理することができず[※]、CPUの性能を生かすことができなくなります。

> ※CPUには、「サーマル・スロットリング」という機能があり、過熱しすぎると、自動的に性能を落とす安全機能があります。

・「CPUクーラー」のサイズが、使用する予定の「マザーボード」や「PCケース」に物理的に収まるか、注意が必要です。

図2-13　「リテール・クーラー」の例
小型で場所を取らないが、能力はそれなり。

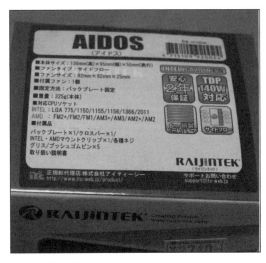

図2-14　専用品　TDP140W対応
高さがあり、ケースに収まるか注意が必要。

●CPUグリス

　新品の「リテール・クーラー」には、「CPUグリス」が塗布されており、準備する必要はありません が、別売りの「CPUクーラー」を使う場合は、「CPUグリス」を用意する必要があります。

　「熱伝導率」(W/m ℃)の数値が大きいものほど効率は良いのですが、最終的に「CPUクーラー」で放熱できないと意味がないので、「CPUクーラー」の性能に応じたものを選ぶことが肝要です。

　また、「サーマル・パッド」という再利用可能な製品もあり、CPUを取り換える予定があるときは、場合には有用です。

図2-15　グリス、サーマルパッドの例
左がサーマルパッド、右2つがグリス
塗るためのヘラもあると便利

■ マザーボード

先に選択したCPU（のソケット）に合わせて、準備します。

「Intel/AMD」の最新世代CPUに対応したチップセットは、以下のものになります。

表2-5　チップセットの一覧

クラス	Intel(12世代)	AMD(3、4世代)
ハイエンド	Z690	X570
ミドル	B660	B550,450
エントリー	H670,610	A520,320

その他の選択のポイントは、以下のようになります。

・使用「ケース・サイズ」に合わせた、「マザーボード」のサイズ(ATX、M-ATX、ITX)を選ぶ。

・使用予定の拡張カード(主には「グラフィックボード」になるかと)に合わせ、「PCI-Express
スロット」や「M.2スロット」の数をチェック。

・「無線LAN(Wi-fi)を内蔵できるか」「高耐久性を求めるか」などの付加機能をチェック。

■ メモリ

「マザーボード」に準備されているソケットに合わせて準備します。

「メモリ」の容量が少ないと、「OS」などの動作が重くなるため、ある程度の容量が必要です。「Windows10」ならば、最低でも「8GB」は準備したいところです(できれば、16GB以上)。

「メモリ」の規格は、「DDR4」から「DDR5」への移行が始まったばかりです。
今後を考えると、新しい規格を購入しておきたいところですが、現在では対応している「マザーボード」が一部のハイエンド(Intel Z690系の一部)に限られ、かつ「DDR5」メモリ自体が入手困難、で悩ましいところです。
現実的には、「DDR4」で揃えることになると思います。

■ OS用ストレージ

「OS」のインストール先を「M.2 NVMe」規格の高速な「SSD」にすることで、快適な操作ができるようになります。これ一択でいいでしょう。

「OS」をインストールするディスクの容量は、Windowsを快適に使い続けるなら、「Windows Update」のことも考えて、最低240GB以上はほしいところです(できれば500GB以上)。

また、「M.2 NVMe」規格の「SSD」は、使用中にかなり発熱するため、ヒートシンクを後付けすることが望ましいと考えます。

図2-16　「NVMe SSD」にヒートシンクを取り付けたところ
ヒートシンクは別売りになっていることが多い。

■ データ用ストレージ（必要に応じて）

「M.2 NVMe」規格の「SSD」だけで運用することも可能ですが、「動画」など大容量のデータを扱うこともあります。

「M.2 NVMe」規格の「SSD」で充分な容量を準備しようとすると、かなり高額になるので、安価で大容量な「SATA」規格の「SSD」や「HDD」を併用することで、コストを抑えることができます。

「動画編集」などを行なう場合には、「大容量ストレージ」の導入についても、検討してみましょう。

表2-6　ストレージの容量価格比較

規格(速度早い順)	250GB	1TB
M.2 NVMe Gen4 SSD	7千円〜	2万円〜
M.2 NVMe Gen3 SSD	5千円〜	1万円〜
SATA SSD	4千円〜	1万円〜
ハードディスク	4GB	8GB
3.5インチ SATA HDD	7.5千円〜	1.2万円〜

■ グラフィックボード（必要に応じて）

CPUに内蔵グラフィック機能が無いものを選択した場合や、3Dゲームを目的とする場合には、「グラフィックボード」が必要になります。

*

さまざまな種類がありますが、簡単に層別してみました。

表2-7　グラフィックボードのクラスと使用例

クラス(主な使い方)	NVIDIA	AMD
ハイエンド(性能最優先)	RTX3080 RTX3080TI	RadeonRX6800XT
ミドル(ゲーム※解像度4K)	RTX3060TI RTX3070	RadeonRX6700XT
エントリー (ゲーム※解像度2K、 　　動画編集※必要最低限)	RTX3060 RTX3050 GTX1660xx	RadeonRX6600 RadeonRX6500
ローエンド(事務処理程度) CPU内蔵グラフィックと大差無し	GT710 GTX1030	-

図2-17 グラフィックボード製品例 「RTX3050」
安価なモデルはコストパフォーマンスが良いが、すぐに売り切れた。
グラフィックボードは、まだまだ市場への供給が不足気味。

■ ATX電源

選択したCPU、グラフィックボードの推奨に合わせた電源を選びます。

80PLUS規格に基づき、さまざまなグレードの電源が販売されていますが、**表2-8**のような、性能と規格の組み合わせが主流です。

表2-8 規格と供給能力との関係(筆者調べ)

規格	範囲	搭載するグラフィックボード
80PLUS Bronze	～650W	ローエンド Or なし
80PLUS Gold	650W ～850W	ミドルクラス
80PLUS Platinum	850W ～	ハイエンド

また、付加機能として、ケーブルを取り外しできるようになっている「プラグイン・タイプ」の電源があります。

これは、必要な電源ケーブルだけを差して使うことができるので、配線がきれいに収まります。おすすめです。

図2-18　プラグインケーブルの例
ほぼすべてのケーブルを差し込んで使っているため、
あまり良い例ではないですが…

■ PCケース

　基本的には、選んだ「マザーボードのサイズ」や「目的」に応じて大きさを決めますが、最近の「自作PCケース」のトレンドには、以下のような特徴があります。

●選択のポイント

▼冷却性能を高めるためフロント吸気、背面排気(ケースによっては上方にも)

▼パーツをきれいに見えるように、サイドパネルが透明(アクリル、ガラス)。光るパーツが増えて、インスタ映え的なノリを狙う感じ。

▼配線なども、裏配線としケーブルを目立たないようにするように考えられている(プラグイン対応電源必須)。

など、どちらかというと見た目を重視する傾向です。

＊

　また、「内蔵DVDドライブ」などは搭載しないことが前提の設計のものも多く、搭載したい場合は、注意が必要です。

　近年は、「ストリーミングで動画視聴」することが主流になったことや、「OSのインストールメディアもUSBメモリ」が主流となり、CDやDVDメディアを使う機会がなくなったことが背景にあります。

　筆者も同様で、だいぶ前から内蔵することは止めて、外付けにしています。

図2-19　最近はやりのPCケースの例
マザーボードやメモリなどを光らせてキレイに見せる！

■ OS

　「自作PC」の場合は、OSが別売りになっているため、別途準備が必要です。
　Windowsを使う場合、「DSP版」「パッケージ版」の2種類が購入できますが、用途に応じて使い分けができます。

表2-9　「DSP版」と「パッケージ版」の違い

DSP版	PCを構成するパーツとセットで購入が可能	パッケージ版より安価。 必ず購入したパーツと組み合わせて使う必要がある。 →自作したPC1台で使用
パッケージ版	OS単体で購入可能	どこでも使用できる。 →いろいろなPCに移し替えて使用

　インターネットをブラウズするだけとかStreamでゲームをしたいとか、特定の目的のみで使うことを想定するのであれば、「Ubuntu」や「Chrome OS Flex」など、無料OSを使う選択肢もあります。

■ 入力装置(マウス、キーボード)

家電量販店でも入手でき、数多くの種類があるので、予算に応じて好みのものを選べます。

●選択のポイント

使用用途：ゲーム(高精度、複数ボタン)／一般事務用
接続方法：ワイヤレス or 有線

…など。

■ モニタ

さまざまなサイズの性能のものがありますが、選択するポイントとしては以下のようになります。

●入出力端子の規格

購入した、「グラフィックボード」や「マザーボード」の「出力端子」に対応したモニタを選びます。

表2-Xで、パソコンで一般的に使う規格をまとめました。これらは、変換コネクタやケーブルがあり、変換が可能です。

●内蔵スピーカーの有無

「HDMI」で接続すると、「音声」も併せて出力でき、音質にこだわりがなければ、便利です。

●性能面

ゲーム用途であれば、「高リフレッシュレート」に対応したモニタを選ぶことが、一般的です。

必然的に、「接続」は「ディスプレイポート」、「音声」は「別スピーカー」または「ヘッドセット」を使うことになります。

表2-10　パソコンでよく使用される規格

	規格/コネクタの形状	解　説
○	ディスプレイポート	DVIの後継を狙った規格 4K、8Kの高精細、ゲームに重要な高リフレッシュレートに対応
○	HDMI	テレビやHDDレコーダーなどAV機器からきた規格 映像や音声を1本のケーブルにまとめて送れる
△	DVI-D	「アナログVGA」から「デジタル」に移行したときに制定された規格

■ 組み立てに必要な道具類

●工具

マザーボードの固定などに、ねじ止めが必要です。

1番、2番サイズのプラスドライバーが最低限必要です。

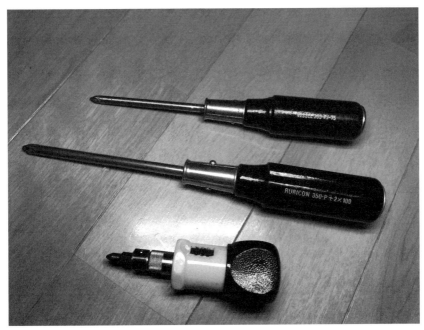

図2-20　プラスドライバーの例
使いやすさではビット交換できる短いラチェットが良いが、ケース
の位置的に届かないこともあるので長いものも必要。

●ねじ

基本的には、「ケース」や「マザーボード」、「SSD」、「ATX電源」に付属しているものを使います。

種類としては、以下のようなものがあります。

表2-11　ねじの違い

ミリねじ	2.5インチSATA　SSD/HDD を固定
インチねじ	ATX電源、ケースの蓋、3.5インチHDD、マザーボードやグラフィックボードをケースに固定

細かいパーツになるので、小分けにできる容器があると便利です。

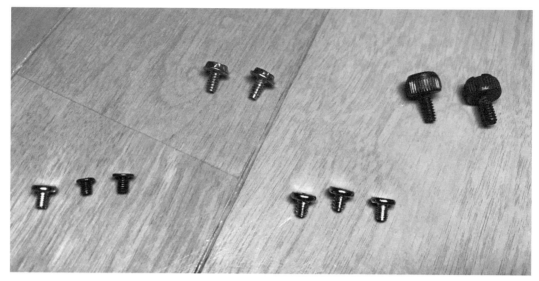

図2-21　PC自作で使用するねじの例
上段左：インチねじ　マザー、グラフィックボード
　　　右：インチねじ手回し可　ケースふた、ATX電源
下段左：ミリねじ　2.5インチSSD,HDD
　　　右：3.5インチHDD

図2-22　小物入れ例
作業中なくならないようにするため、あると便利。

●静電気防止手袋

　精密機器を扱うので、静電気には注意が必要です。

　専用品もありますが、100均で売っているゴム軍手でも代用可能です。

　もし準備できなかった場合、パーツを触る前に、手を洗うなどして静電気を除去するなど
で代用できますが、あるに越したことはないです。

図2-23　100均軍手の例
PCケース内部で手を切ることもあるため、ケガの防止にも有用。

■ とにかく楽しむこと

　かつてメーカー製パソコンは非常に高額でしたが、IBM-PC互換機のシェアが大きくなり、その部品が広く、安く出回るようになったことにより、自分で組み上げる自作PCの流行が始まりました。

　しかし、現在はネット通販で直接販売されるPCや、販売店独自のショップブランドが広まり、単純に価格面でのメリットは、ほとんどなくなりつつあります。

＊

　では、何のために自作するのか、醍醐味は何か。

　それは、市販以上の性能を追求できたり、自分の欲しい部分だけを強化したりと、「**こだわりを具現化できる**」ことが魅力の一つであると考えます。

　何か一つ目的もって、「**パーツを選ぶところからが楽しんで**」自作PCを始めてみましょう。

第3章

目的に合ったパーツ選び

■ 勝田有一朗

「パソコンを組み立てる」と言っても、「Webの閲覧」や「Officeソフト」のようなライトな活用から、「3Dゲーム」や「動画編集」のようなヘビーな活用まで、目的は多種多様です。

＊

本章では、パソコンの使用目的をいくつか例に出して、限られた予算で自作するときは、どの部分に予算をかけるか、実勢価格に基づいて、選んでいきます。

3-1　「10万円」を目安にする「自作PC」

■「目的」と「予算」が大事

　「自作PC」は、「性能」や「価格」がさまざまなPCパーツの中から、自分が使いたいものを選んでいく必要があります。

　その際に指標となるのが、「目的」と「予算」です。
　まず、この2つを決めなければ、自作PC製作の第一歩は踏み出せません。

　人によっては、「予算が青天井」という、羨ましいケースもありますが…。
＊
　それはさておき、自作PCに限らず、PC購入予算で、1つの目安となっているのが、「10万円」という金額です。

　キリがいい数字というのもありますが、経費として計上しやすいこともあります。
　「そもそも、自作PCに10万円以上の予算はかけられないよ！」と言う人もいるでしょう。
　そんな感じで、「10万円PC」は昔から1つの目安になっていたので、今回も「10万円」を意識して、パーツを選んでいきます。
＊
　ここでは、パソコンの使用目的別に、予算をかけて強化したい部分や、全体のバランスを考えながら、実勢価格に基づいてパーツを揃えていきます。

■ しかし……"予算に縛られるのも考えモノ"

　本来、「自作PC」の第一の目標は、自分のしたい作業ができるPCを自分好みに組み立てるところにあります。

　予算を気にするあまり、予算内で組み立てることが第一目標となってしまい、そのために理想の使用目的を大きく後退させるようなことがあっては、本末転倒です。

　ある程度の妥協が必要になることは仕方ないですが、予算にも多少の柔軟性はもたせておきたいです。
＊
　今回は、書籍の企画上「10万円」以内のPCパーツを提案していますが、同時に、もう少し予算に余裕があればパワーアップしたい点や、逆にもう少し予算を削れるところなども、併せて提案していきます。
＊
　なお、今回提示しているPCパーツの価格(実勢価格)は、**2022年2月下旬時点**での「価格ドットコム」や「Amazon」での正規代理店販売品の最安値を参考にしています。

■ 各プランでの共通項目

プラン別のPCパーツを紹介する前に、各プランで使用する同一のPCパーツを先に説明しておきます。

●メモリ

「メモリ」は、すべて、「**CT2K8G4DFRA32A**」（Crucial）です。
これはJEDEC準拠の「DDR4-3200 8GB×2枚セット（16GB）」の製品になります。

10万円という予算の中では、「16GB」の容量が、最も良バランスと考え、全プランで採用しました。

●OS

「OS」は、パッケージ販売の「Windows 10 Home 日本語版」を採用しています。

Windowsは、PCパーツと同時購入の「DSP版」のほうが安価に購入できます。
しかし、最安値パッケージ版（今回はドスパラネットショップ価格）との価格差は、約3,000〜4,000円程度なので、今後も自作PCを組み立て続けるのであれば、特定PCパーツとの縛りのない、「パッケージ版ライセンス」をもっておくほうが良いと思います。

＊

では、プラン別のおすすめPCパーツを見ていきましょう。

3-2 拡張性を秘めた「バランス型PC」

■ PCパーツ一覧

表3-1　バランス型PCプラン

CPU	Intel Core i5-12400	¥25,000
CPUクーラー	Deepcool AS500	¥5,900
マザーボード	ASUS PRIME B660M-A D4 (Micro ATX)	¥17,400
メモリ	Crucial CT2K8G4DFRA32A (DDR4-3200 8GBx2)	¥6,300
SSD	SAMSUNG 980 MZ-V8V1T0B/IT (1TB M.2 NVMe)	¥12,000
電源ユニット	FSP Hydro GSM Lite PRO 650W	¥8,600
PCケース	Deepcool MACUBE 110	¥5,000
ケース・ファン	InWin Sirius Loop ASL120 3個パック	¥2,700
OS	Windows 10 Home 64bit	¥15,500
合計金額		¥98,400

■ コンセプト

この「バランス型PC」プランのコンセプトは、「Webブラウジング」や「動画視聴」、「Office ソフト」など、一般的な用途を一通り快適に実行できる性能をもち、さらにPCパーツを拡張 することで、さまざまな用途に使うことができる、「ベース・モデル」としての役割をもつ「10 万円PC」です。

*

「CPU」は、6コア12スレッドの「Core i5-12400」(Intel)。

高性能で、コスパに優れると評判のCPUです。

今回はGPU内蔵モデルを選択し、ビデオカードがなくても動作できる構成にしています。

*

「CPUクーラー」は、タワー型空冷CPUクーラー「AS500」(Deepcool)。

標準CPUクーラーと比較して、高負荷時の温度とファン・ノイズを抑えます。

マザーボードに固定するための「LGA1700対応リテンションキット」が同梱されているか は、要確認です。

*

「マザーボード」は、「DDR4メモリ」対応の「MicroATX」マザー「PRIME B660M-A D4」 (ASUS)。

「第12世代Core」は「DDR5/DDR4メモリ」に対応ですが、性能差は少ないので、予算が限 られている場合は、「DDR4メモリ」一択です。

「PRIME B660M-A D4」は、「MicroATX」ながら「PCIe x16」形状のスロットが3本あり、さ まざまな拡張カードを増設できるのが特徴。

「M.2ヒートシンク」を標準搭載するのも、嬉しい点です。

*

「ストレージ」は、「M.2 NVMe SSD」の「980 MZ-V8V1T0B/IT」(SAMSUNG)。

長期の利用を考えて、容量は余裕のある「1TB」をチョイス。

「980 MZ-V8V1T0B/IT」は性能、容量、価格でバランスに優れたSSDです。

*

「電源ユニット」は、「Hydro GSM Lite PRO 650W」(FSP)。

「FSP」は台湾に本社を置き、さまざまなメーカーに電源をOEM供給してきた実績のある、 老舗電源メーカーです。

「Hydro GSM Lite PRO 650W」は信頼性が高い、日本メーカー製電解コンデンサを搭載 した「80PLUS GOLD」取得の650W電源ユニットで、7年の製品保証が付きます。

比較的安価で高信頼と評判で、今回は全プランに「FSP製の80PLUS GOLD電源」を設定 しています。

*

　「PCケース」の「MACUBE 110」（Deepcool）は、「マグネット式強化ガラスパネル」が特徴の、MicroATXミニタワーケースです。
　色は、「黒」と「白」から選択できます。
　「ケース・ファン」は、標準で背面に「120mm×1基」を搭載。

図3-1　「MACUBE 110」（Deepcool）
低価格ながら強化ガラスのサイドパネルを採用。メンテナンス性にも優れる。

　「ケース・ファン」の「Sirius Loop ASL120 3個パック」（InWin）は、3基の120mmアドレサブルRGBファンがセットになった製品。
　PCケースには標準で「ケース・ファン」が1～2基しか付属していないことも多く、いくつか追加購入が必要です。

　そこで、「ケース・ファン」3基セットで3,000円を切る「Sirius Loop ASL120 3個パック」が"超お買い得"の製品となります。

　また、「ケース・ファン」の電源ケーブルが分岐仕様となっており、マザーボード上の1つの「ケース・ファン」用ピンから、3基のファンを数珠つなぎにして駆動できるのも、嬉しい仕組みです。

■ この構成をパワーアップさせるなら

このプランは、ビデオカードを非搭載にしているので、予算的に余裕があり、10万円で全体的にリッチなパーツ構成となっています。

*

このリッチな「ベースモデル」をパワーアップさせるのは、やはりビデオカードの増設です。

「650W」の電源を搭載するので「GeForce RTX 3070」クラスのビデオカードにも対応し、ビデオカードの増設だけですぐさまゲーミングPCへと変貌する性能を備えています。

逆に考えると、ビデオカードを増設しない状態でのゲーミング性能は、"ほぼゼロ"であるとも言えます。

■ さらに予算を削るなら

「Core i5-12400」の発熱量はさほど大きくないため、高負荷時のファン・ノイズを気にしないのであれば、CPUに同梱される標準CPUクーラーでも冷却面に問題はありません。

そのため、「CPUクーラー」の予算は削ることが可能です。

3-3 小さな筐体で軽いゲームも遊べる「コンパクトPC」

■ PCパーツ一覧

表3-2　コンパクトPCプラン

CPU	AMD Ryzen 5 5600G	¥4,000
マザーボード	GIGABYTE B550I AORUS PRO AX (Mini-ITX)	¥18,800
メモリ	Crucial CT2K8G4DFRA32A (DDR4-3200 8GBx2)	¥6,300
SSD	Western Digital WD Blue SN570 NVMe SSD 500GB	¥6,900
電源ユニット	FSP Hydro GSM Lite PRO 550W	¥6,800
PCケース	NZXT H210B	¥6,000
ケース・ファン	InWin Sirius Loop ASL120 3個パック	¥2,700
OS	Windows 10 Home 64bit	¥15,500
合計金額		¥97,000

■ コンセプト

　この「コンパクトPCプラン」のコンセプトは、「一般用途において充分な基礎性能」、そして「軽めのゲームも楽しめるゲーミング性能」を、「取り回しの良い小型PCケースに収める」というもの。

＊

　「CPU」には、「6コア12スレッド」で比較的強力な内蔵GPUを搭載する「**Ryzen 5 5600G**」（AMD）を選択。

　ゲームプレイに関しては画質設定を落としたり、画面解像度を「1,280×720ドット」に落とすことで、たいていのゲームをフレームレート60fpsでプレイ可能です。

＊

　「**CPUクーラー**」は、同梱の標準CPUクーラーを用います。

＊

　「**マザーボード**」は、小型のMini-ITXマザー「B550I AORUS PRO AX」（GIGABYTE）。

　3画面出力対応が大きな特徴で、無線LANやBluetoothも標準搭載します。

＊

　「**ストレージ**」は、予算の関係上「500GB」の「WD Blue SN570 NVMe SSD」（Western Digital）を選択。コストパフォーマンスに優れた定番SSDです。

＊

　「**電源ユニット**」は、FSP製の「550W」タイプをチョイス。

＊

　「**PCケース**」の「H210B」（NZXT）は、高級感漂うデザインのPCパーツを多数販売している、NZXTの手掛ける「Mini-ITX」ミニタワーケースです。

　通常、「Mini-ITX」ケースと聞くと、コンパクトなキューブケースなどを思い浮かべますが、これは一般的なPCケースを「Mini-ITX」サイズへ縮小した感じになっており、メンテナンス性が高く、電源ユニットも通常のATX電源を使用可能です。

＊

　「2スロット厚」で、長さ「325mm」までのビデオカードを取り付けることもできます。

図3-2　「H210B」(NZXT)　高級感がありオシャレなMini-ITXケース
超小型PCケースとまではいかないが、コンパクトで取り回しが良い。6,000円と低価格なのも◎。

　「H210B」は、背面と天板に「ケース・ファン」が標準搭載されていますが、「前面吸気用ファン」は同梱されないので、「追加ケース・ファン」として「Sirius Loop ASL120 3個パック」(In Win)を使います。

■ この構成をパワーアップさせるなら

　このプランのパワーアップ候補として挙げられるのが、「ストレージ」の容量アップです。
　「500GB」でも充分な容量ですが、ゲームに手を出し始めると容量が足りなくなってきます。余裕があれば、最初から「1TB」のSSD搭載がオススメです。
＊
　また、ビデオカードを増設すれば、本格的ゲーミングPCにも変貌します。
　装着可能なビデオカードに関しては、長さ方向の制限は緩いものの、厚みは「2スロット厚」にピッタリ収まる、スリムタイプが推奨されます。
＊
　電源は「550W」なので、「GeForce RTX 3060」クラスを安定稼働できます。
　フルHD解像度の高設定、高フレームレートでゲームを楽しめる「ゲーミングPC」が完成するでしょう。

■ さらに予算を削るなら

このプランはあまり予算を削れる部分がありません。強いて挙げれば、マザーボードを「B550M-ITX/ac」(ASRock)とすることで、3,000円ほどコストカットできます。

主な違いは、「無線LAN」(Wi-Fi6→5)、「有線LAN」(2.5Gb→1Gb)、「HDMI出力の数」(2→1)、「一体型バックパネルの有無」になります。

3-4 フルHD解像度で楽しむ「ゲーミングPC」

■ PCパーツ一覧

表3-3　ゲーミングPCプラン

CPU	Intel Core i3-12100F	￥13,800
マザーボード	MSI PRO B660M-E DDR4 (Micro ATX)	￥13,000
メモリ	Crucial CT2K8G4DFRA32A (DDR4-3200 8GBx2)	￥6,300
ビデオカード	SAPPHIRE PULSE Radeon RX 6500 XT　GAMING OC 4GB GDDR6	￥31,000
SSD	Western Digital WD Blue SN570 NVMe SSD 500GB	￥6,900
電源ユニット	FSP Hydro GSM Lite PRO 550W	￥6,800
PCケース	Thermaltake Versa H18	￥3,100
ケース・ファン	InWin Sirius Loop ASL120 3個パック	￥2,700
OS	Windows 10 Home 64bit	￥15,500
合計金額		￥99,100

■ コンセプト

この「ゲーミングPC」プランのコンセプトは、最新ゲームや流行のゲームをフルHD解像度の画質中設定において、フレームレート「60fps以上」で楽しめる「ゲーミングPC」です。

*

「CPU」は、第12世代Coreの末弟モデル「Core i3-12100F」を選択。

「4コア8スレッド」ながら、ゲームでは充分な性能を発揮し、1万円台前半で購入できる最強の「コスパCPU」という声も挙がっています。

*

「CPUクーラー」は、同梱の標準CPUクーラーを使用。

*

「マザーボード」は、最も安価な「B660マザー」の「PRO B660M-E DDR4」(MSI)をチョイス。下位グレードの「H610マザー」とほぼ同じ価格帯に登場した、「B660マザー」です。

*

「ビデオカード」は、「Radeon RX 6500XT」を搭載する「PULSE Radeon RX 6500 XT GAMING OC 4GB GDDR6」(SAPPHIRE)を選択。

「Radeon RX 6500XT」は、「フルHD解像度」で「画質中設定」くらいの、VRAM消費量4GB以下という条件の下で性能を発揮するGPUです。

スイートスポットは狭いですが、その条件にハマれば充分なゲーム体験を提供してくれます。

図3-3　「PULSE Radeon RX 6500 XT GAMING OC 4GB GDDR6」(SAPPHIRE)
現在となっては貴重な、約3万円でソコソコのゲーミング性能をもつビデオカード。

*

「PCケース」の「Versa H18」(Thermaltake)は、「低価格自作PC御用達」の超コスパ「MicroATX」ミニタワーケース。

約3,000円という低価格ながら、基本を押さえた作りとなっており、アクリル窓付きサイドパネルでPC内部も確認できます。

図3-4　「Versa H18」(Thermaltake)
低価格ながらアクリル窓が付いており、PCケース内の光り物を楽しむこともできる。

　「Versa H18」には、標準で背面の「120mm」ファン1基しか同梱されていないので、こちらでも「ケース・ファン」に「Sirius Loop ASL120 3個パック」(InWin)を使います。

■ この構成をパワーアップさせるなら

　皆さんもご存じのように、昨今のさまざまな世情によって、「PCパーツ」、とくに「ビデオカード」の価格はとても高騰しています。
　そのため、10万円という予算内にビデオカードを組み込もうとすると、いろいろと切って捨てなければならない部分が生じるのは致し方ないところ。
＊
　というわけで、もう少し予算を足せるのであれば、次の優先度でパワーアップがオススメです。

---

①ビデオカード
　「GeForce RTX 3060」や「Radeon RX 6600XT」などへの変更。
②SSD
　容量「1TB」のM.2 NVMe SSDへの変更。
③CPU
　「Core i5-12400」への変更。

　たとえば、予算が15万円になれば、①のビデオカードを「Radeon RX 6600XT」(約64,000円)に変更した上で、②と③のパワーアップも併せて実施可能です。

　このクラスになれば、フルHD解像度の画質最高設定において、軽めのFPSゲームは100fpsオーバー、重量級ゲームでも60fps維持が可能な性能に達します。

*

　「ゲーミングPC」らしいリッチなゲーム体験が得られるのは、これくらいのラインからなので、ゲーミングPCを組み立てる際は、正直、「15万円」くらいからの予算を組みたいところです。

■ さらに予算を削るなら

　このプランはすでに削れるところは削ってギリギリ10万円の枠内に収めている状況ですが、さらに削るのであれば、ビデオカードの性能を下げるしかありません。

　「GeForce GTX 1650」に変更することで、3,000円ほどのコストカットになります。

　「GeForce GTX 1650」に変更することでゲーミング性能は下がりますが、一方で「Radeon RX 6500XT」では省かれている動画エンコーダが使えるようになります。

　動画配信などを考えているのであれば、「GeForce GTX 1650」のほうが良いかもしれません。

3-5　動画配信のためのPC

■ PCパーツ一覧

表3-4　動画配信PCプラン

CPU	Intel Core i3-10105	￥13,900
マザーボード	ASUS TUF GAMING B560M-PLUS (Micro ATX)	￥13,000
メモリ	Crucial CT2K8G4DFRA32A (DDR4-3200 8GBx2)	￥6,300
SSD	Western Digital WD Blue SN570 NVMe SSD 500GB	￥6,900
HDD	Western Digital WD40EZAZ (3.5インチ 4TB)	￥7,900
ビデオキャプチャ・ユニット	AVerMedia Live Gamer EXTREME 2 GC550 PLUS	￥19,600
電源ユニット	FSP Hydro GSM Lite PRO 550W	￥6,800
PCケース	ANTEC P10 FLUX	￥9,700
OS	Windows 10 Home 64bit	￥15,500
合計金額		￥99,600

■ コンセプト

　この「動画配信PC」プランのコンセプトは、「ゲーム機」や「ビデオカメラ」からの映像を
キャプチャし、その映像を「Youtube」や「Twitch」などで「動画配信」するための「PC」です。

*

　「CPU」は、第10世代Coreの「Core i3-10105」を選択。

　GPU内蔵モデルで、内蔵GPUに搭載されている「QSV」という「動画エンコード」機能が、
動画配信で必要になります。

*

　「マザーボード」の「TUF GAMING B560M-PLUS」(ASUS)は、ASUSが提供する「マイク
音声AIノイズ・キャンセリング機能」が使える「MicroATX」マザーボードです。

　マイク使用中に、「ファン・ノイズ」や「キーボード、コントローラの"カチャカチャ音"」と
いった環境音を、かなり強力にカットしてくれます。

　動画配信時には、便利な機能ではないでしょうか。

　ただ、「TUF GAMING B560M-PLUS」と「Core i3-10105」の組み合わせでは、PCIeの世代
違いで、CPU側の「M.2ソケット」が使用不可となる点に注意が必要です。

図3-5　「TUF GAMING B560M-PLUS」(ASUS)
「AIノイズ・キャンセリング機能」を使用できるマザーボード。

　また、このプランでは、動画の保存や編集のために、「3.5インチHDD」を設定しています。「動画を扱うならば、HDDはまだまだ必須のストレージ」と言えます。

　「ビデオキャプチャ・ユニット」は、動画配信者の間でも広く使われているAVerMedia社製品から「Live Gamer EXTREME 2 GC550 PLUS」を選択。
　4Kスルーアウト機能をもつ「フルHDキャプチャ・ユニット」で、ゲーム機のプレイ画面を録画配信するのに適している製品です。

＊

　「PCケース」は、静音性やメンテナンス性を重視した「ATX」ミドルタワー「P10 FLUX」（ANTEC）を選択。
　いまどき珍しく、「サイドパネル」が透明ではなく、四面のケース部材に「防音パネル」を貼ってPC内部の駆動音を吸収する仕組みになっています。

　また、最初から5基の「ケース・ファン」と「ファン・コントローラ」を標準搭載しているので、価格以上にお買い得な「PCケース」と言えます。

図3-6　「P10 FLUX」（ANTEC）
派手さは無いが堅実な作り。追加でケース・ファン購入の必要が無いのも◎。

■ この構成をパワーアップさせるなら

このプランのパワーアップ候補としては、CPUを「第11世代Core」の「Core i5-11400」に変更することが考えられます。

CPU性能が向上するほか、第11世代Coreとの組み合わせであれば、マザーボード上の「M.2ソケット」がすべて使用可能になります。

*

他には、「4TB」の「WD40EZAZ」から「8TB」の「WD80EAZZ」へのHDD変更なども一考の価値があります。

■ さらに予算を削るなら

これ以上予算を削るのは難しいですが、削るとすれば、「AIノイズ・キャンセリング」を諦めて、マザーボードを安価なモデルに変更したり、「PCケース」をより安価なものに変更することが考えられます。

3-6　はじめての自作PCは基本に忠実

■ 人気PCパーツで固めよう

さて、「10万円」で組む自作PCプランをいくつか挙げてきましたが、基本、いずれも"鉄板的"なPCパーツから選出しています。

はじめての自作PCは、奇をてらわず、人気のPCパーツで固めるのが鉄則とも言えるでしょう。

*

また、今回、「PCケース」については、安価で定評のある製品を選んでいますが、PCケースはまだまだ多種多様の製品があります。

定評のあるPCケースであれば、「ハズレ」を引く危険性も低いので、レビューなどを参考に、評判の良いモデルから自分好みの「PCケース」を探すといいでしょう。

ただ、「超小型PCケース」の類については、初めて自作PCで取り組む方には、少々ハードルが高めです。

最初は、メンテナンス性に優れた大きさに余裕のある「PCケース」を推奨します。

■ 10万円でPCは動かない……

　ところで、すでにお察しかと思いますが、今回例に挙げた「10万円PC」には、「ディスプレイ」「キーボード」「マウス」といった基本周辺機器が含まれていません。

　PCとして動かすためには、最低限これらの周辺機器が必要となり、最安で「2万円〜」の予算は別途確保しておきたいところです。

　もちろん、これまでメーカーPCやBTO PCを使っていて、これらの周辺機器を所持している場合は、よほど古い機器（アナログ入力のみのディスプレイなど）でなければ、そのまま流用することも可能です。

　ただ、ゲーミング目的のPCを組み立てる場合は、高リフレッシュレート対応の「ゲーミング・ディスプレイ」への買い替えをオススメします。

■ 流用できるPCパーツは

　流用の話が出たところで、最後にPCパーツの流用についても触れておきましょう。

*

　自作PCの利点の1つとして、既存のPCパーツを流用して予算を浮かせられるというものがあります。

　では、どのようなPCパーツが流用可能なのか、簡単にまとめてみました。

・CPUクーラー	△
・マザーボード	×
・メモリ	△
・SSD	○
・HDD	○
・ビデオカード	○
・電源ユニット	◎
・PCケース	◎
・キーボード	◎
・マウス	◎
・ディスプレイ	◎

◎……新しいPCへ流用可能
○……性能に不満が無ければ流用可能
△……規格が合えば流用可能
×……そもそも新しいPCはここを新しくする

＊

PCパーツの流用には、以上のような傾向があり、ほとんどのPCパーツが流用可能です。
特に、◎印のPCパーツは、何世代にも渡って流用することも考えられます。

　ただ、初めて「自作PC」に挑戦するときは、「キーボード」「マウス」「ディスプレイ」以外の
PCパーツ流用は、あまり推奨できません。
　初めての「自作PC」では何が起こるか分からないので、既存のPCを完動品のまま残して
おけば、検証用PCとして役立つこともあるからです。

＊

　初めての「自作PC」は、基本に忠実に、すべての「PCパーツ」を新しく揃えて挑戦したいと
ころです。

第4章

初心者にありがちな、「PC自作」失敗例

■ 勝田有一朗

　よく、「PCの自作は、プラモデルを作るよりも簡単だ!」などと、言われます。

　たしかに、作業自体は、ネジで留めたりコネクタを挿したりするだけなので、とても簡単です。

　ただ、やはり、「やってみなければ分からない」部分は多少はあります。

　そこを知らない初心者は、「組み上げに手間取っ」たり、「パーツを破損させ」たり、最悪の場合、自身が「怪我」をすることもあります。

＊

　そこで、ここでは、「PC自作初心者」にありがちな失敗を紹介していきます。

　失敗しそうな注意点をしっかり頭に入れて、安全で確実な、自作PCに挑戦してみましょう。

4-1 「パーツ選び」の失敗

■「CPU」と「マザーボード」が適合しない

「CPU」と「マザーボード」は、必ず対応するもの同士で揃えなくてはいけません。

マザーボードメーカーのWebサイトなどで、対応する「CPU」を確認できます。

*

また、注意点として、「マザーボード」は、「BIOS」のバージョンの違いで対応CPUが異なる場合があります。

特に新世代CPUのリリース直後が要注意で、前世代マザーボードで新CPUに対応していたとしても、「ただし書き」として、「最新BIOSへの更新が必要」とあるのが一般的です。

*

そこで懸念されるのが、「店頭在庫のマザーボードは、BIOSが古いまま販売されている」ことがある、という点です。

「最新CPU」と「前世代マザーボード」の組み合わせを購入した後、「マザーボード」の「BIOS」が古くて更新が必要だが、最新CPUでは起動できずに「BIOS更新」自体が行なえないことが判明……という失敗が、典型例です。

*

その解決策には、次が挙げられます。

・「CPU」なしで「BIOS更新」できる機能がないか調べる。

・「マザーボード」を購入したショップで、「BIOS更新サービス」を行なっていないか調べる。

・最終手段…動作する「前世代CPU」を購入して「BIOS更新」を行なう

図4-1　「MAG X570S TOMAHAWK MAX WIFI」(MSI)
MSIの「マザーボード」には「CPU」なしで「BIOS更新」ができる、「Flash BIOS Button」が備わる

■「ビデオカード」「CPUクーラー」が「PCケース」に収まらない

次の失敗例は、購入した「ビデオカード」や「CPUクーラー」が「PCケース内に物理的に収まらない」という失敗です。

*

この2つのパーツは、高性能なものほど大型化する傾向にあり、「3連ファンを備える大型ビデオカード」や、「140mmファンを備える大型空冷CPUクーラー」を購入する場合は、「PCケース」のクリアランスをきちんと取れるかどうか、充分な確認が必要です。

図4-2　設計の古い「PCケース」は、「300mm長」クラスの「ビデオカード」に対応しないことも多い

特に「ビデオカード」は「長さ」が注目されがちですが、「高さ」についても要注意です。

「大型ビデオカード」の「クーラー」は「高さ」も巨大で、補助電源ケーブル取り付けのスペースも考慮すると、幅がスリムな「PCケース」ではサイドパネルに干渉してしまう危険があります。

■「排他仕様」がよく分からない

昨今のPCパーツ、特にマザーボードには、「排他仕様」が存在し、本来やりたかったことができないといった失敗がしばしばあります。

代表例が「M.2スロット」を巡る「排他仕様」です。

*

主にミドルクラス以下のマザーボードには、「M.2 SSD」を装着すると、

・「SATAポート」の一部が使用不可になる。
・「PCIeスロット」の一部が使用不可になる。

といった「排他仕様」が存在します。

これを知らずにたくさんパーツを詰め込むと、「あれ？　ドライブや拡張カードを認識しないぞ？」といったことになります。

マザーボードの設計によっては、生き残っている「PCIeスロット」も、ビデオカードのクーラーと干渉する位置にあって、"事実上使えない"といった場合もあります。

＊

このような事態を避けるには、「上位チップセット」を搭載した「ハイエンド・マザーボード」を使うしかありません。

「上位チップセット」は拡張性に余裕があるので、このような「排他仕様」が極力減らされています。

＊

また、「PCケース」にもしばしば排他仕様が見られ、たとえば「水冷ラジエーター」を設置すると、一部の「ドライブベイ」が使用不可になる場合などがあります。

「5インチベイ」が犠牲になるタイプだと、光学ドライブを内蔵できなくなるので、影響は小さくありません。

■ 制約の中でのパーツ選択

パーツ選択の失敗によって「PCが動かなかい」「組み上げられない」「上手く機能しない」となる例を挙げてみました。

これらの例は、いずれも最新の「ハイエンド・マザーボード」や「巨大PCケース」を選択することで解決はしますが、予算の都合などで、なかなか難しい面もあります。

制約の中で上手くパーツを選択できるようになれば、脱初心者と言えるでしょう。

4-2 「CPU取り付け」の失敗

PC自作作業の中で最も緊張する瞬間と言ってもいい、CPUの取り付けに関わる失敗です。
1、2位を争う高額パーツのCPUの取り付けは、安全確実に行ないたいところです。

■ CPUを置く方向を間違える

マザーボードの「CPUソケット」に対して、「CPU」を置く向きは決まっており、間違えていると取り付けできません。

CPUパッケージの「切り欠き」や、「四角の目印」を合わせて「CPUソケット」へ取り付けます。

方向が合っていれば、置くだけで"カタン"と「CPU」が「ソケット」にハマります。
CPUがハマらないからといって、"グリグリ"と押し付けてはいけません。その時点で方向が間違っていますし、「ピン曲がり」や「ピン折れ」の原因となります。

■ ピン曲がり（ピン折れ）とは

「ピン曲がり（ピン折れ）」とは、「CPU」や「ソケット」の金属ピンが曲がって壊れてしまうことを指します。

図4-3　ソケット側にピンがあるIntel（左）、CPU側にピンがあるAMD（右）

どちらかと言えば、「AMD CPU」のほうが「ピン曲がり」の危険性が高く、慎重に扱いたいです。

図4-4　「Intelプラットフォーム」の場合は、「ソケット保護カバー」で
未使用時のソケットを守るので、この付属カバーは捨てないように。

　数本のピンが少し曲がった程度であれば、「極細ピンセット」や「カッター刃先」、「精密ドライバー」などで、ピンを起こして修繕できなくもありません。

　しかし、広範囲にわたる「ピン曲がり」や、「完全に折れてしまった場合」は、諦めるしかないでしょう。

■「CPUクーラー」のベース部分の「保護シール」を剥がし忘れる

　「CPUクーラー」の取り付けに際し忘れがちなのが、CPUクーラーベース部分の底面に貼られている、「保護シール」の剥がし忘れです。
　「保護シール」が貼られたままでは、上手く放熱できません。

■「CPUグリス」を塗り過ぎる

　「CPUグリス」については、「塗り忘れ」はもちろんのこと、「塗り過ぎ」も良いことではありません。

　「CPUグリス」の塗布方法については、さまざまな意見がありますが、初心者の場合はCPU中央に「CPUグリス」を小豆サイズに盛り、「CPUクーラー」の圧着にまかせて伸ばし拡げる方法が、失敗し難く、おすすめです。

図4-5　「CPUグリス」はCPU中央に少量塗布し、「CPUクーラー」の圧着で拡げていく。

■ CPUクーラー固定ネジの片締め

市販CPUクーラーの多くは、取り付けに「固定ネジ」を用います。
このような固定方法で注意しないといけないのが、「ネジの片締め」です。

すべての「固定ネジ」を少しずつ順番に同じ量だけ締めていくようにします。

また、ネジを締める力加減について、昨今の「CPUクーラー」は「バネ・ストッパー」付きネジが多いので、さほど気にしなくてもよくなっていますが、基本的に力いっぱい増し締めするのはNGです。
ちょっと力を入れても回らなくなるあたりで、止めてOKです。

■ 「CPUクーラー」の「フィン」で手を切る

「大型空冷CPUクーラー」には、無数の薄い「フィン」が備わっていますが、これらの「フィン」は意外と鋭利で、作業中に手を切ってしまうことがあります。

このような怪我を防止するのに便利なのが、「静電気防止手袋」です。
「PCパーツ」も「静電気」から守れるので、一石二鳥です。

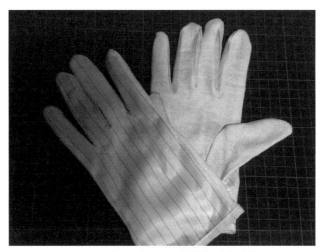

図4-6　ぜひ用意したい静電気防止手袋
ただし、CPUをソケットに取り付けるときだけは、指先で繊細につまむ必要があるので、外したほうが良いだろう。

■ 恐怖の「CPUスッポン」

　「CPUスッポン」とは、「CPUクーラー」を外した際に、「CPU」が「CPUクーラー」にくっ付いた状態で一緒に抜けてしまう事故です。

　「CPUソケット」の形状の関係から、「AMD製CPU」で起こりやすく、"スッポン"する際に「CPU」のピンが曲がってしまい、故障することもあります。

　原因は、「CPUグリス」の固着で、特に「AMD純正CPUクーラー」に最初から塗布されている「CPUグリス」は、すぐに固着してしまうことで有名です。

図4-7　AMD純正CPUクーラーのグリスは"罠"

「CPUスッポン」の防止策としては…

①ネジを外した後、金具の遊びの範囲でCPUクーラーを前後左右にズラしたりひねったりして、グリスの固着を緩める。

②「CPUクーラー」を垂直に持ち上げるのではなく、小さく揺らすように傾けて慎重にゆっくりと外す。

など挙げられますが、それでも「AMD純正CPUクーラー」には敵わないことがあります。

結局は、CPUクーラーに最初から塗布されているCPUグリスを、アルコールなどで事前に完全に拭き取り、別途用意したCPUグリスを用いるのが、唯一の防止策と言えるかもしれません。

4-3 「マザーボード」の「組み付け」での失敗

「マザーボードの組み付け」段階に関わる、失敗例を見ていきましょう。

＊

PCの組み立てが佳境に入ってから「マザーボード」の組み付けに誤りが見つかると、全パーツを取り外してやり直しになってしまうことも珍しくありません。

しっかりと、注意深く、作業を進める必要があります。

■「I/Oシールド」取り付けの失敗

「マザーボード」の背面コネクタ群の隙間を隠すパーツを、「I/Oシールド」や「I/Oパネル」、「バック・パネル」などと呼びます。

「マザーボード」を「PCケース」へ組み付ける際は、準備段階として、まず、PCケース背面にマザーボード付属の「I/Oシールド」を取り付ける必要があります。

この「I/Oシールド」、PCケースの工作精度などにもよりますが、取り付けにはちょっとした慣れが必要で、初めての「PC自作」では完全に取り付けられていないケースがしばしばあります。

「I/Oシールド」のフチ部分をしっかりPCケースに押し当て、"バチン""バチン"と固定させましょう。

ただ、昨今はマザーボード側に「I/Oシールド」が固定されているモデルも増えてきているので、この作業も不要になりつつあります。

図4-8　「I/Oシールド」の取り付けは、最後までしっかりと

＊

　また、「I/Oシールド」に関連した失敗を、もう一つ。

　一部の「I/Oシールド」には、「LANポート」や「USBポート」の穴にツメが出っ張っている
ものがあり、「マザーボード」を組み付ける際に、そのツメが「端子内部」に潜り込んでしまう
ことがあります。

　PCが組み上がった後にコネクタをつなげようとするも、挿すことができず、よく見るとツ
メが食い込んでいるのを発見……といった失敗は、時折耳にします。

　こうなると、またPCを全部バラすことになるので、よく注意するようにしましょう。

■「マザーボード固定ネジ」の間違い

　「マザーボード」を「PCケース」に固定する際には、「PCケース」内の指定の場所に「六角ス
ペーサー」と呼ばれるネジ穴の付いた「スペーサー」を取り付けます。

　そして、その上に「マザーボード」を置いて、「六角スペーサー」と「マザーボード」をネジで
留めます。

図4-9　「PCケース」と「マザーボード」の間に挟まる「六角スペーサー」
これの取り付けが緩いというのも初心者にありがちな失敗。
「ペンチ」や「ナットドライバー」で、きつく締めよう。

　必要なネジ類は、「PCケース」に付属しているはずなので問題はないのですが、ここに少し「落とし穴」があります。

　それは、「マザーボード」の固定に用いるネジの種類です。

＊

　「自作PC」では、基本的に「インチ・ネジ」「ミリ・ネジ」「タッピング・ネジ」という、3種類のネジを使い、使用箇所でどのネジを用いるかは概ね決まっています。

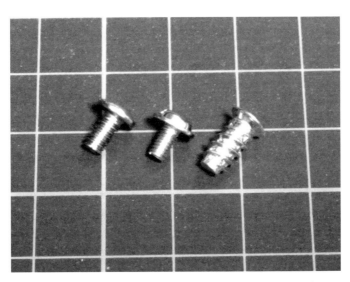

図4-10　左から「インチネジ」「ミリネジ」「タッピングネジ」
「タッピングネジ」はケースファン用。
「インチネジ」と「ミリネジ」はネジ山のピッチで見分ける。

　ところが、「六角スペーサー」だけは「インチネジ」と「ミリネジ」の両種類が出回っていて、どちらのネジを用いるかは、PCケースに付属する「六角スペーサー」の種類次第です。

　「PC自作指南Webサイト」などを見ると、時折、
"「マザーボード」の固定には「インチ・ネジ」を使います"と、決め打ちで記述されていることがあったりしますが、どちらかに決まっているわけではないので、注意しましょう。

　間違えたネジを用いると、当然、固定できない上に、無理矢理締め付けようとすると、ネジ穴がバカになって、次に正しいネジを使っても、締められなくなってしまいます。

　どちらのネジが合うのか分からず、不安な場合は、組み立てる前に「六角スペーサー」にネジを指で取り付けてみましょう。

　指でもスムースに回せるのであれば、それが正しいネジです。

■「PCケース」内で「ネジ」を落として行方不明

　PCケースに「マザーボード」を組み付けた後、他の作業中にPCケース内にネジを落としてしまい行方不明になる……というのは、初心者以外でも起こしやすい失敗です。

　ただ、行方不明になったネジがもしPCケースと「マザーボード」の隙間に挟まったりでもしたら、ショートの原因となり、PCパーツが故障するかもしれません。

　いったん「マザーボード」を取り外してでも、行方不明になったネジは、必ず見つけ出すようにしましょう。

*

　予防策として、「先端に磁石の付いたドライバー」を使うことをオススメします。

■「CPU補助電源」の挿し忘れ

　「電源ユニット」から「マザーボード」に挿す必要のあるケーブルは、(A)「24ピンATX電源」および(B)「ATX12V/EPS12V CPU補助電源」――の2種類です。

　「24ピンATX電源」はいちばん目立つ電源ケーブルなので挿し忘れることも少ないですが、「CPU補助電源」は「マザーボード」の上端に位置し、PCケースへ組み込むとよく見えないので、挿し忘れてしまうことがままあります。

　また、大きめのPCケースを使っている場合は、「CPU補助電源」を裏配線に回すと、「コネクタまでケーブルが届かない」、もしくは「届いてもギリギリで作業がやりづらい」といった状況になることがあります。

こういった場合は、「CPU補助電源」の延長ケーブルを用意し、余裕をもって裏配線できるようにするといいでしょう。

図4-11 「折り返し」を考えると、このようなギリギリの長さだと、取り付けがとてもやりづらい

■「電源ケーブル」の抜き差しで怪我

「マザーボード」に挿すケーブル、特に「24ピンATX電源」は、たまにコネクタがとても固くなっており、抜くのに苦労することがあります。

思いっきり力を入れても指先が痛くなるばかりで、勢い余って怪我をする危険性も否めません。
そんなときに便利なのが、「静電気防止手袋」です。

「静電気防止手袋」を付けていれば、指先の痛みも緩和されて力を入れやすくなり、怪我の防止にもなります。
指先に「滑り止め加工」が施されているものが良いでしょう。
PC自作には、「不可欠なアイテム」と言えます。

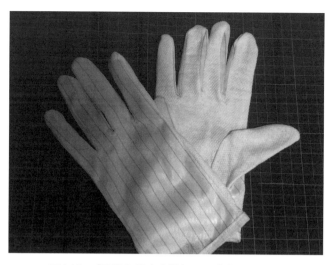

図4-12　「静電気防止手袋」はPC自作の必需品

4-4　「拡張カード」の取り付け失敗

　「拡張カード」の取り付けに関わる失敗例を見ていきます。
　マザーボードの「拡張スロット」に挿すだけで完了する「拡張カード」取り付けにも、いくつか失敗が起きるポイントが潜在しています。

■ 間違った「PCIスロットカバー」を開ける

　「PCケース」の拡張スロット取り付け位置には、「拡張カード」のブラケットや端子類を外部へ露出するための隙間があり、「拡張カード」を取り付けるまでは「PCIスロットカバー」という金属の板で蓋をしている状態になっています。

　ところが、昨今のコストパフォーマンス重視の「PCケース」では、コストカットのために「PCIスロットカバー」を使わないモデルが増えてきています。

　「拡張スロット」の隙間になる部分は金属板に切り込みを入れてあるだけで、「拡張カード」を取り付ける際には蓋になっている部分を手で"ねじ切って"開ける、という方式です。

　当然、一度外した蓋部分はもう戻せません。
　そこに失敗が襲いかかります。

*

　「拡張カード」の取り付けは、そのほとんどが「ビデオカード」の取り付けになると思いますが、「ビデオカード」を取り付ける「PCI Express x16スロット」の位置は、実はマザーボードによって異なります。
　つまり、PCケース側の開けるべき「拡張スロット」の位置も、いちばん上の2段分だったり、

一つ下の2段分だったりと、マチマチなのです。

＊

　ねじ切るタイプの「PCケース」で間違った場所を開けてしまうと、元に戻せなくなるので、余計に注意して確認する必要があるでしょう。

　なお、「PCIスロットカバー」は5本数百円くらいの価格でネット販売されているので、間違って開けたときや、「拡張カード」を取り外して隙間が開いたときのために、予備パーツとしてもっておくといいでしょう。

図4-13　「PCIスロットカバー」なくても問題ないが、隙間だらけの

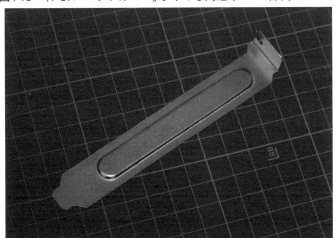

PCケース背面も物悲しいので、予備として別途購入しておきたい。

■「ロック機構」の存在を忘れる

　「ビデオカード」の取り付けなどに用いる、いちばん大きな「PCI Express x16スロット」には、「拡張カード」を固定するための「ロック機構」がスロットの端に備わっています。

図4-14　「PCI Express x16スロット」の「ロック機構」
「ビデオカード」を取り付ける際には、特に何もしなくても"ガシャン"と固定できるタイプもあるため、その存在に気付かない初心者も少なくない。

この「ロック機構」は、「ビデオカード」を取り外す際に牙を向いてきます。

＊

本来、PCの運搬中などに「ビデオカード」が誤って「拡張スロット」から脱落するのを防ぐために、ガッチリと固定する機構なので、ちょっとやそっとでは基本的にビクともしません。

思いっきり力を入れて無理やり外そうとして、「PCI Express x16スロット」を破壊してしまった失敗例は枚挙にいとまがないです。

＊

さて、結局ビデオカードを取り外すには、まずこの「ロック機構」から外す必要があるのですが、場所的に「ロック機構」の位置まで指先が届かないことも珍しくありません。

そんなときに重宝するのが、「割り箸」です。
割り箸を差し込んで「ロック機構」を外せば、拍子抜けするくらい簡単に「ビデオカード」を取り外せるはずです。

図4-15 「割り箸」で「ロック機構」を動かす
「割り箸」は他のパーツとぶつかっても傷を与える心配がないので、重宝する道具だ。

■「ブラケット」を固定すると、スロットから拡張カードが外れる

「拡張カード」の取り付けは、最後に拡張カードの「ブラケット」を「PCケース」とネジ止めして、完了です。

　　　　　　　　　　　　　　　＊

しかし、ときに「PCケース」と「ブラケット」をネジで固定すると「拡張スロット」からカードが浮いて外れてしまうことがあります。

　　　　　　　　　　　　　　　＊

こうなると「拡張カード」は動作しないので、「不良品なのでは？」と勘違いすることも。

　　　　　　　　　　　　　　　＊

特に「PCI Express x1」接続の小さい「拡張カード」で起こることが多く、その原因はいろいろ考えられますが、「PCケース」自体に「歪み」が生じている可能性が高そうです。

　　　　　　　　　　　　　　　＊

「ブラケット」をネジ止めしなければ問題ないものの、それではいつ「拡張スロット」から脱落するか分からないので、推奨はできません。

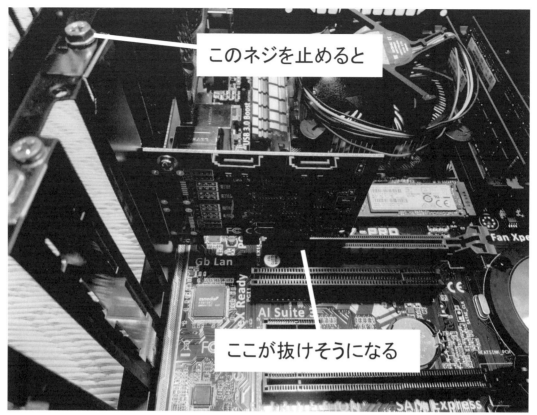

図4-16　「ブラケット」をネジ止めすると、テンションがかかっ
て「拡張スロット」から抜けかけの状態になってしまう

＊

　こうなった場合の一つの解決方法として、拡張カードの「ブラケット」部分の調整が挙げら
れます。

　一般的に「拡張カード」と「ブラケット」は2本のネジで固定されているので、そのうち上側
のネジを1本取り外し、下側のネジだけでつながっている状態にすることで、自由に角度をつ
けられるようにします。

　このように「ブラケット」に角度をつけることで、PCケースの「歪み」に合わせて、「拡張
カード」にかかるテンションをなくすることができます。

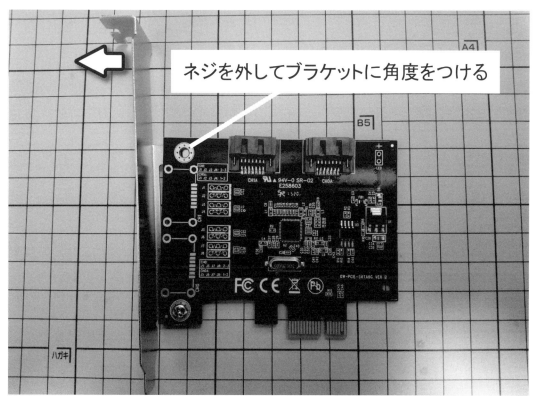

ネジを外してブラケットに角度をつける

図4-17　「ブラケット」を斜めにしてPCケースの「歪み」に合わせ、テンションの発生を防ぐ

4-5　冷却ファン、その他

「冷却ファン」関係の失敗例と、その他の話題を紹介します。

■「ケースファン」の向きを間違える

「PCケース」には、「吸気」と「排気」用に「12〜14cm」の「ケースファン」を取り付けるのが一般的です。

「PCケース」によってはあらかじめ付いていますが、標準状態ではファンの数が足りず、ユーザーの手で追加することもしばしば。

その際に気を付けなければいけないのが、「ケースファン」を取り付ける「向き」です。

＊

「ケースファン」の風が吹く方向は基本的に決まっていて、ファンの「羽根」が丸見えになっているほうから、「ファンガード」があるほうへ吹き抜けます。

この「向き」を間違えて取り付けると、吸排気が正しく行なわれないので、注意しましょう。

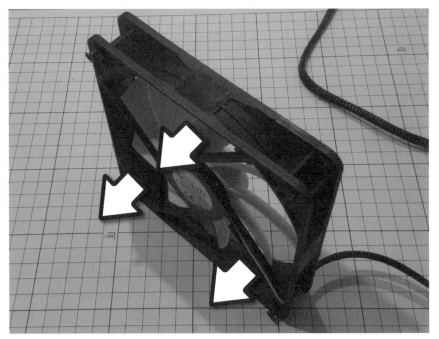

図4-18　「ファン」の風はこの向きに抜ける

■「ファン」に「ケーブル」が当たる

PCを組み上げてから電源を入れると、異音がする…といった場合によくあるのが、「ファン」の羽根に「ケーブル」が当たっているパターンです。

特に「ケースファン」自身の「ケーブル」は細く柔らかく、中途半端に長さが余りがち。
ケース内で宙ぶらりんになって、「他のファン」や「CPUファン」に巻き込まれやすいものです。

長さが余ったケーブルは、「結束バンド」などで適当な長さにまとめましょう。

図4-19 「Intel」の標準「CPUクーラー」は、「羽根」がむき出しでケーブルに当たりやすい。

■「RGB 4pin」と「アドレサブルRGB」の混同

「RGB LEDファン」を購入して、ピカピカの「ゲーミングPC」を組む場合、「RGB LED制御」のインターフェイスには、(a)「RGB 4pin」と(b)「アドレサブルRGB」という、2通りの方式があることを知っておく必要があります。

(a) RGB 4pin（RGB LED）

最初に登場した「RGB LED」の制御インターフェイスで、接続した「RGB LED」はすべて同じ色で制御されます。

(b) アドレサブルRGB（ARGB）

最近普及してきた「RGB LED」の制御インターフェイスで、虹色に光らせたり、複数のファンを跨いだアニメーション演出などが行なえます。

「何も考えずに適当に光り物を買ったら、方式がゴチャ混ぜだった…」なんてことにならないように気を付けましょう。

*

また、マザーボード上の「ピン・ヘッダ」は多くて2個程度なので、たくさん「RGB LEDファン」をつなげたい場合は、「ピン・ヘッダ」の「分岐ケーブル」や「分岐ユニット」の購入もお忘れなく。

*

なお、マザーボード上の「ピン・ヘッダ」は、「RGB 4pin」は「4pin」、「アドレサブルRGB」は「3pin」という違いはあるものの、コネクタサイズは両方「4pin」で、挿し間違えてしまうこともあり得るので注意が必要です。

図4-20　「RGB 4pin」のピン・ヘッダ
+12V、G、R、Bの信号線が並ぶ。逆挿しにも注意。

図4-21　「アドレサブルRGB」のピン・ヘッダ
「+5V」「Data」「Ground」の信号線が並ぶ。逆挿しできないようにコネクタ側に細工がある。

■「メモリ取り付け」の力加減が分からない

　PC自作工程において、「CPU取り付け」に次いで初心者が躊躇するのが、「メモリ取り付け」ではないでしょうか。

　取り付けが硬くてどれくらい力を入れていいか分からず、結局、「半挿し」になってしまうケースも多そうです。

　また、メモリ取り付け時は、『スロットサイドの「ラッチ」が“カチッ”と固定位置に来るまで押し込む』とも説明されますが、たまに、メモリは最後まで挿しているのに、「ラッチ」が固定位置に来ないことがあります。

　それに気付かず力を入れ続けていると、「メモリ・スロット」を破壊してしまう危険性も。

　「何か変だな」と思ったら「ラッチ」を指で固定位置に動かしてみましょう。
　それで固定位置にハマるなら、メモリはしっかりと装着できていることになります。

図4-22　スロットサイドのラッチを開いて、ラッチが閉じるまでメモリを押し込むとは言うが…。

■ PCパーツの「箱」は捨てないで

　PCパーツは基本、代理店が海外から輸入して各販売店へ卸しており、故障への保証対応は代理店が行ないます。

　その保証の際に必要なのが、PCパーツの箱などに貼られている「代理店シール」です。
　「電源ユニット」などの「10年保証」を謳う製品も、これがないと保証を受けられません。
　邪魔かもしれませんが、PCパーツの箱は大事に保管しておくようにしましょう。

　また、酷いものだと外装フィルムに「代理店シール」が貼られている場合もあります。
　捨ててしまわないように要注意です。

＊

PC自作における最大の罠（？）を紹介したところで、〆にしたいと思います。

基本、PC自作は1段階1段階丁寧に考えながら作業をすれば大きな失敗はありません。
むしろ、慣れたころに経験則で行動して痛い目を見ることのほうが多い気もします。
丁寧に作業して、PC自作を楽しんでください。

第5章

「自作PC」の大まかな流れ

■ 編集部MM

　ここまで、「PCパーツの選びかた」や「自作をする上での失敗例」を紹介してきましたが、最後に、初心者向けに、「組み立て」の大まかな流れを紹介しておきます。

＊

　初めてPCの自作に挑戦するときは、けっこう不安になりますが、とりあえず手順どおりに組み立てていけば、いつかは出来上がるでしょう。

　頑張ってください。

　※この章は、ハードが苦手な編集部MMが、初めて組み立てた自作PCです。自作初心者のため、旧世代のパーツを使って簡単に組み立てていますが、「自作の大まかな流れ」を示すためのものなので、参考程度に眺めてください。

5-1　組み立てる前に

　組み立てを始める前に頭に入れておきたいことと、本章で作るPCのスペックを書いておきます。

■ 平らで作業しやすい場所を確保

　組み立て上がるまでは、「パーツ」や「空き箱」「説明書類」「ネジ」などの小物が散乱します。すぐに見つけられるように、ある程度広い場所を確保しましょう。

　また、ケースを横にしたり、縦にしたりして作業することがあります。
　平らな場所で、床が傷つかないように、マットなどで工夫してください。

■ 静電気対策製品もある

　昔から、「パソコンのフタを開けるときは静電気に注意！」パーツ類は、部品や端子類がムキ出しになっているものが多いので、静電気を嫌います。

　そこまで気にする必要はないと言う人もいますが、「静電気防止マット」「静電気防止手袋」「帯電防止リストラップ」などの製品も販売されています。
　CPUの取り付けや細かい端子へのケーブル接続など、素手のほうが作業しやすい場合があります。

　その他、「台所」や「洗面所」など、「水回りのそば」や、「湿気が多い場所」は気をつけましょう。

■ 「自作PC」で用意したもの

　今回の「自作PC」で揃えたパーツは右ページのとおりです。
　高性能でもなく、安さを意識したわけでもありません。ごく標準的でシンプルな構成にしています。しかも、旧世代です。

①PCを無難に使えて、②そこまで高くなくて、③誰でも作れそう

——という理由で選んでいます。

　ある程度分かる方は、自分なりに性能を上げたり、コスパ重視でパーツ選びをしてもいいと思います。

[PC本体を作るために必要なパーツ] ※2020年の入門レベルのスペックです。

● CPU：Intel Core i5 9400 BOX　（Intel UHD Graphics 630）

　「グラフィック・ボード」を取り付けないので内蔵グラフィックがあり、CPUファンがセットのもの。

● マザーボード：ASRock B360M-HDV (B360 1151 MicroATX)

　上記CPUに対応したもので、接続する機器の性能を殺さないもの。

　サイズは大きすぎず、取り扱いが標準的な「MicroATX」。

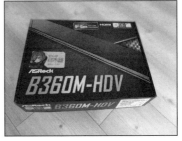

● メモリ：CFD W4U2666PS-8GC19 (DDR4 PC4-21300 8GB 2枚組)

　デュアルチャネルを活かすために2枚組でコスパがいい16GB（8GB×2のセット）。

● 記憶装置：Western Digital WD BLUE 3D NAND SN550 NVMe WDS500G2B0C (M.2 2280 500GB)

　マザーボードに挿す500GBのSSD。

　容量が500GBあればHDD無しでも問題なさそう。

● 電源：Corsair CV550 CP-9020210-JP (550W)

　500W前後で手頃なもの。

●ケース：SAMA 舞黒透 maikurosuke MK-01W (MicroATX アクリル)

「5インチ」「3.5インチ」「2.5インチ」ベイがあり、自作PCの勉強になりそうなもの。

[PCを動作させるために必要なもの]

●OS：Windows10 HOME (パッケージ版)

「USBメモリ」で提供されていて取り扱いが楽。「DSP版」と1000円差くらいで買えたため。

自信がある人は、「Linux」に挑戦してもいいかもしれません。

●その他

「キーボード」「マウス」「モニタ」「LANケーブル」…等。

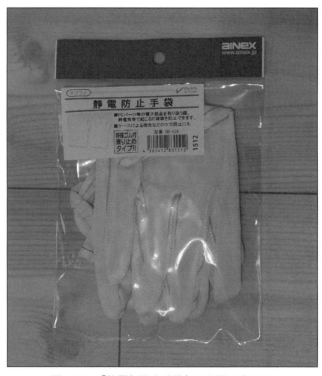

図5-1-8 「静電気防止手袋」は、必要に応じて

5-2 「CPU」の取り付け

「マザーボード」に「CPU」を取り付けます。端子がむき出しの基板などを扱うときは、「静電気防止手袋」などをつけて作業しましょう。

[1] 「CPU」を箱から取り出す

図5-2-1 「マザーボード」と「CPU」の箱を用意

図5-2-2 「CPUファン」を取り出すときは、裏側に付いているグリスが手に付かないように注意

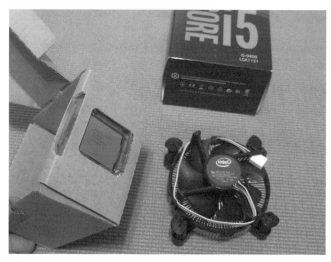

図5-2-3 「CPU」は箱の横の隙間にある。プラスチックのケースで保護されている

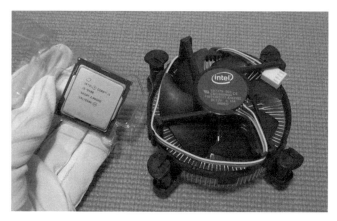

図5-2-4 端子がむき出しのパーツや基板を扱うときは、「静電気防止手袋」などして丁寧に

[2] 「マザーボード」を箱から取り出す

図5-2-5 「マザーボード」の箱を開ける

図5-2-6　中身を確認する

図5-2-7　「マザーボード」を袋から出す

[3]「CPUソケット」に「CPU」を取り付ける

図5-2-8　マザーボード上の「CPUソケット」と「レバー」が見える

図5-2-9 「CPUソケット」の「レバー」を持ち上げる

図5-2-10 「CPUソケット」が開く

切り欠きの部分
に合わせる

図5-2-11 「切り欠き」の部分を確認

図5-2-12 「切り欠き」の部分を合わせて取り付け

図5-2-13 「CPU」が「CPUソケット」に収まった

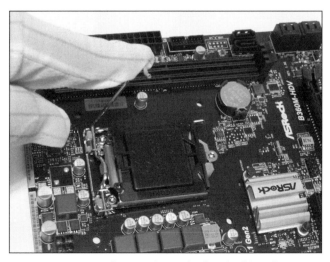

図5-2-14 「CPUソケット」の「レバー」を戻す

図5-2-15　「レバー」をしっかり止める

図5-2-16　CPUの「保護カバー」を外す

図5-2-17　CPUの取り付け完了！

5-3 「CPUクーラー」の取り付け

「CPU」の上に「CPUクーラー」（CPUファン）をかぶせます。
裏側に塗られたグリスが手に付かないように、注意して作業しましょう。

[1] 「CPUクーラー」のピンの向きを確認

図5-3-1 裏面に塗ってある「グリス」に注意して作業

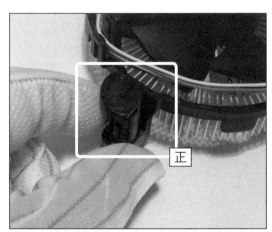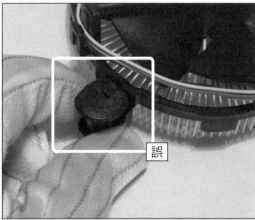

図5-3-2 CPUクーラーのピンの向きに注意
左の写真のようになっているか確認します。

[2] 巻かれた「電源ケーブル」を外す

図5-3-3　「CPUクーラー」に巻かれている電源ケーブルを外す

[3] 「CPUクーラー」用端子の位置を確認

図5-3-4　「CPU_FAN」と書かれている端子を確認

どの向きで設置すれば「電源ケーブル」がうまく収まるかをイメージしておきます。

[4] 「CPUクーラー」を取り付ける

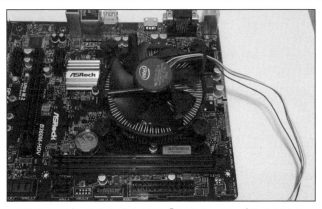

図5-3-5　ピンを穴に合わせて、「CPUクーラー」をかぶせる

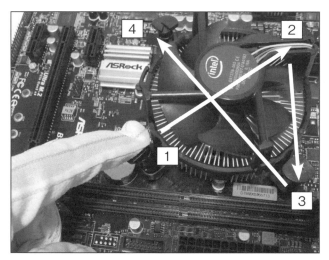

図5-3-6 対角の順番でピンを押し込む

図5-3-7 ピンがしっかり押し込まれているか確認

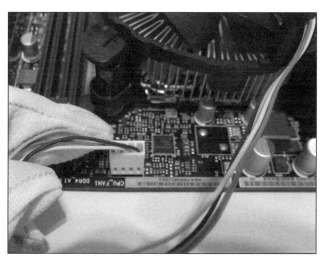

図5-3-8 「CPU_FAN」端子に「電源ケーブル」を挿す

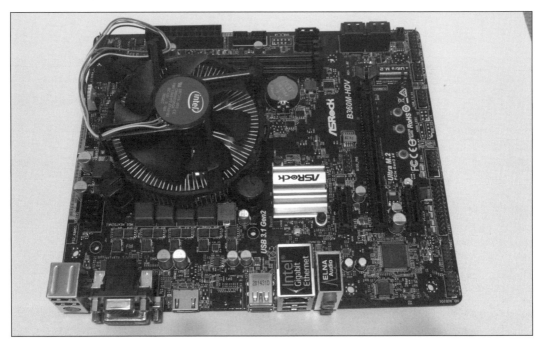

図5-3-9　「CPUクーラー」の取り付け完了

5-4　「メモリ」の取り付け

　「マザーボード」に「メイン・メモリ」を取り付けます。メモリが認識されないときは、メモリの初期不良の場合もありますが、挿し方が悪くて認識されない場合もあります。

　"カチッ"となるまで、奥までしっかり挿します。

[1]　2枚組のメモリを使う

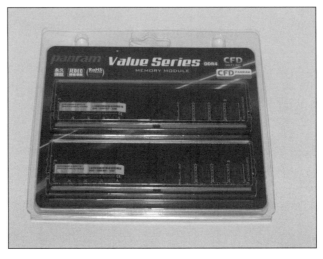

図5-4-1　「デュアル・チャネル」を活かすための製品
ここでは8GB×2枚組（合計16GB）のメモリを使います。

[2] メモリの「切り欠き」の確認とスロットのツメ

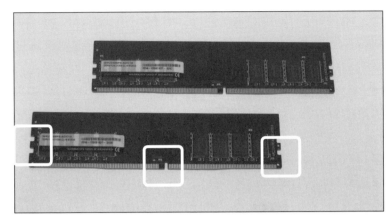

図5-4-2　切り欠きの位置を確認

図5-4-3　「マザーボード」の「メモリ・スロット」

図5-4-4　「メモリ・スロット」の「ツメ」を開く

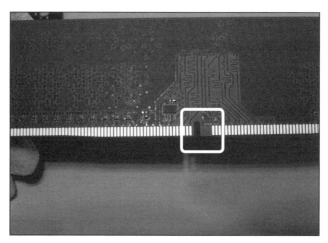

図5-4-5　メモリの「切り欠き」の位置

図5-4-6　「切り欠き」を合わせる部分

[3]「切り欠き」に合わせて左右均等の力で挿す

図5-4-7　メモリを「メモリ・スロット」にハメて、左右均等の力で押し込んでいく

図5-4-8　しっかり挿すと、"カチッ"とツメがロック

図5-4-9　2枚目のメモリも同様に挿す

図5-4-10　「メモリ」の取り付け完了

5-5 「SSD」の取り付け

　500GBクラスの「SSD」が手頃な値段で買えるようになったので、「ストレージ」(記憶装置)には、シンプルなマザーボードに直付け「M.2スロット用SSD」を使います。

[1] 「SSD」を箱から取り出す

図5-5-1　箱から取り出した「SSD」
「SSD」の「切り欠き」を確認します。

図5-5-2　「マザーボード」と「SSD」
どちらも端子がむき出しなので、丁寧に扱います。

図5-5-3　「Ultra M.2」と書かれているスロットを確認

[2] 「SSD」を「M.2スロットに」挿す

図5-5-4　表裏を間違えないように、「切り欠き」に合わせて「SSD」を挿す

図5-5-5　挿しただけだと、斜めの状態

[3] 「SSD」をネジ止めする

図5-5-6　「マザーボード」に付属の「M.2スロット用ネジ」を用意

図5-5-7　精密ドライバーを使い「SSD」をネジ止めする

図5-5-8　「SSD」の取り付け完了

5-6 「電源」の取り付け

　「ケース」に「電源ユニット」を取り付けます。

　「内蔵HDDは交換したことあるけど、電源は…」という感じで、このあたりから「自作PC」に苦手意識を感じるのではないでしょうか。

　いちどやってみれば難しくないことが分かるし、すぐに慣れてしまうので、どんどん進めていきましょう。

[1] 「ケース」と「電源ユニット」を用意する

図5-6-1　ネジをとって「ケース」の側面カバーを外す
ドライバーを使ってネジをとります。PCが完成するまで開けっぱなしになりますが、ネジをなくさないようにしましょう。

図5-6-2　「電源ユニット」を用意

[2]「電源ユニット」の取り付け場所を確認

図5-6-3　箱から「電源ユニット」を取り出します

図5-6-4　ケースを後ろから見る

電源ユニットは、
ここに配置

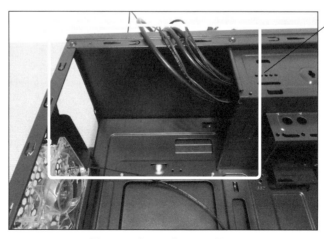

図5-6-5　ケースを上から見る

[3] 「電源ユニット」をケースにはめ込んでみる

「電源」の取り付け方は、「電源ユニット」や「ケース」によって、異なることがあります。

＊

本書では、すでに「ケーブル」が付いた「電源ユニット」を、「ケース」に直にネジ止めしています。

製品によっては、「電源ユニット」に「ケーブル」を接続する必要があるものや、「電源ユニット」をパネルにネジ止めしてから、「ケース」に取り付けるものもあります。

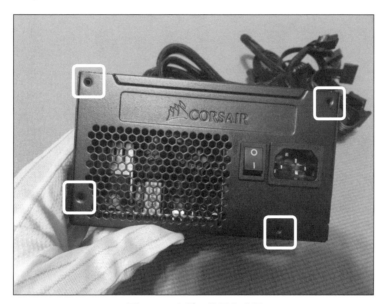

図5-6-6　ネジの位置を確認

図5-6-7　ネジ穴を合わせてみる

図5-6-8　上下に間違いがないか、しっかり固定できるか、など確認

[4]「電源ユニット」をネジで固定する

図5-6-9　「ネジ穴」がきちんと合っているか確認

図5-6-10　ドライバーを使ってネジ止め
一般的に「ネジ」はケースに付属しています。

図5-6-11　「電源ユニット」の取り付け完了
ファンが常に動くので、「ネジ」でしっかりと固定します。

5-7 「マザーボード」の取り付け

　PCの組み立ても終盤に向かいます。「CPU」や「メモリ」を取り付けた「マザーボード」を、「ケース」に取り付けます。

[1] I/Oパネルを取り付ける

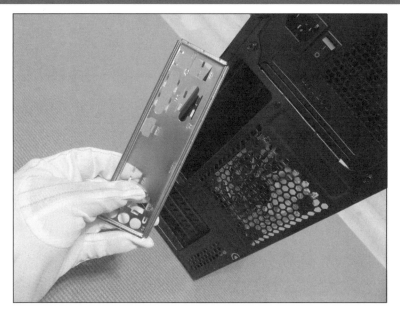

図5-7-1 「ケース」に付属の「I/Oパネル」を用意

図5-7-2 「ケース」の枠に押し込む

[2] マザーボードを取り付ける

組み立てで使う「ネジ」の種類は多くありませんが、最初は、どの大きさの「ネジ」がどこで使われるのかが、ピンときません。

基板などを取り付ける前に、試しに「ネジ」だけを回してみて、正しい「ネジ」かどうか、確認しておきましょう。

図5-7-3　取り付けやすいように、「ケース」を倒す
「マザーボード」には5つのネジ穴があります。「ケース」側の穴の位置も確認します。

図5-7-4　マザーボードに付属の「ネジ」を5本用意
試しにケース側の穴に入れてみて、正しく止められるネジか確認しましょう。

図5-7-5 「ネジ」を使い「マザーボード」を「ケース」に取り付ける

図5-7-6 「I/Oパネル」部分には、写真のように端子が出る

5-8 「ケーブル」の配線

初めての「自作PC」の作業において、"最大の難関"が「ケーブルの配線」。ゲームで言うところの、"ラスボス"みたいなものです。

ピンを間違えれば、ランプが付かなかったり、PCが起動しなかったり。最悪は、PCを壊してしまうかも……（滅多にないでしょうが、不安になりますね）。

悩むのは、「ケース」や「マザーボード」によって「端子」の位置や「名称」が違ったり、接続するケーブルの「形状」や「本数」が違ったり……。かといって、ていねいな説明書もありません。

ま、考え込んでもしょうがないので、腹をくくって先に進みましょう。

[1] ゴチャゴチャを整理する

「電源ユニット」からはたくさんの「ケーブル」が出ているし、「接続端子」も大きいものや小さいものが複数あり、目を凝らしても見えにくい小さな文字で印刷された端子の名称。頭が混乱します。

ここはまず、整理をしましょう。

*

今回は使わない「ケーブル」もあります。

明らかにすぐ分かる「太いケーブル」「大きな端子」と、ゴチャゴチャ分かりにくい「細いケーブル」に「小さなピン」。

これらを分けていきます。

図5-8-1　「電源ユニット」から伸びるケーブル
グチャグチャに絡まるこれらのケーブルは、どこに挿せばいいのか…。

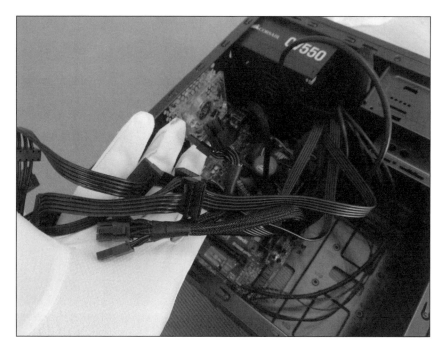

図5-8-2 「SATA電源ケーブル」と「PCI-E電源ケーブル」
ここでは使わないので、他のケーブルとは離しておきます。それだけでもケース内がスッキリしてきます。

[2]「ケーブル」を接続する端子を確認する

図5-8-3 「メイン電源ケーブル」を挿す端子
いちばん大きいソケット。分かりやすい「ケーブル」は最後に付けます。

図5-8-4 「12V電源ケーブル」
これも大きくて分かりやすいので、接続は後回しにします。

図5-8-5 見にくくて、分かりづらい端子
難関はこのあたりでしょうか。「ランプ」や「リセット」用のケーブルが細かく分かれています。

図5-8-6　「HD AUDIOケーブル」用の端子

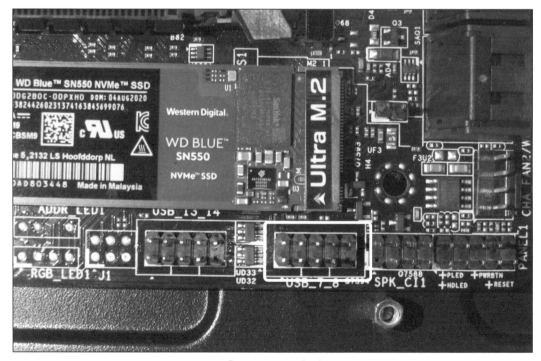

図5-8-7　「USB2.0ケーブル」用の端子

[3]「ケーブル」を接続する

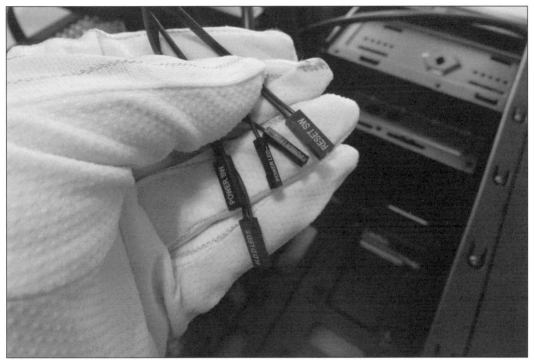

図5-8-8 「小さいコネクタ」のケーブルが"くせ者"
「マザーボード」上の端子も小さくて見えにくく、力加減に慣れてないと挿入しにくいです。

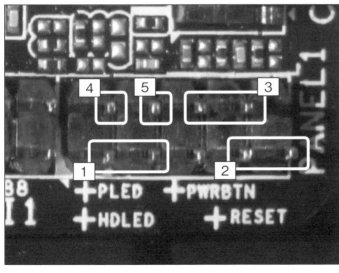

《対応しているケーブル》
①HDD LED
②RESET SW
③POWER SW
④POWER LED+
⑤POWER LED-

図5-8-9 「PANEL1」端子の振り分け
基盤をスマホのライトで照らすと、小さいピンも見やすくなります。

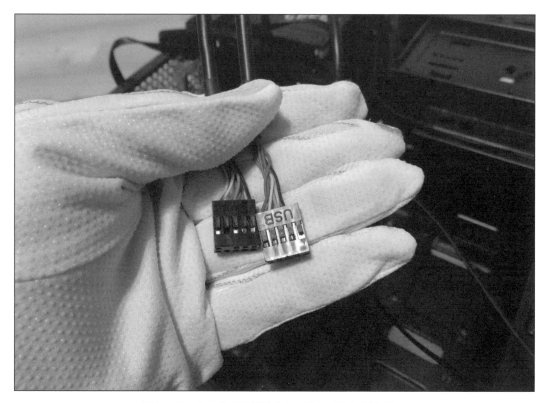

図5-8-10　小さめだけど独立してるので分かりやすい
「USB2.0端子」は2つあるが、ここでは「USB_7_8」のほうに挿します。

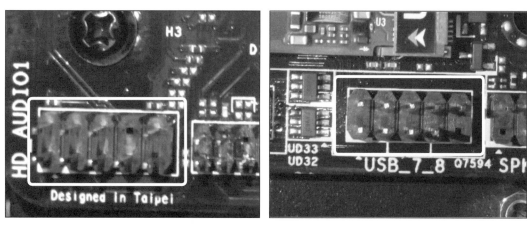

図5-8-11　「HD AUDIO」と「USB2.0」の端子はすぐに分かる

図5-8-12　本体の「ファン」は、「CHA_FAN」端子に接続
「マザーボード」の端子が「4ピン」で「ケーブル」側が「3ピン」なら、ガイドに沿って挿します。

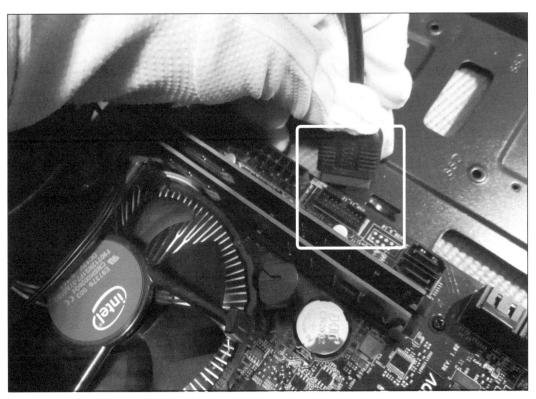

図5-8-13　「USB3.0」端子は大きめなので、すぐに分かる

図5-8-14「12V電源ケーブル」を挿す

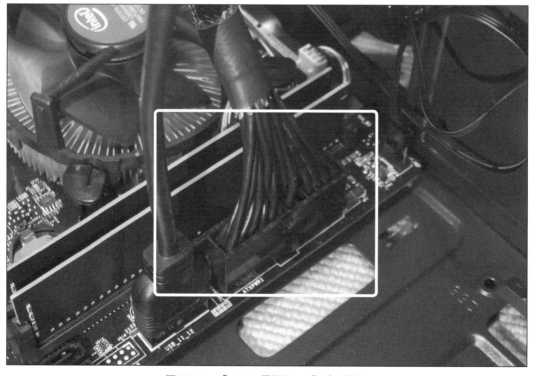

図5-8-15 「メイン電源ケーブル」を挿す

図5-8-16　ケーブルを挿し終わった

図5-8-17　正しく挿さっているか一通り点検して、配線完了！

5-9 「キーボード」や「マウス」をつなぐ

「配線」が終われば、あとはチェックだけです。

組み立てたPCに、キーボード（USB）、マウス（USB）、モニタ（HDMI）をつないでみましょう。

※この後、「Windows」や「Linux」などの「OS」をインストールします。

図5-9-1　「電源ケーブル」をつなぎ「電源ボタン」を押す

画面に「BIOS画面」（英文文字）が出れば、「自作PC」は問題なく動作しています！

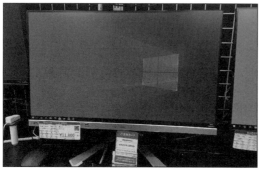

図5-9-2　動作確認のために「自作PC」につなぐもの

「USBキーボード」「USBマウス」「HDMIモニタ」はもちろん、インターネットにつなぐために「LANケーブル」か、「無線LAN子機」は必要。

索　引

索引

[執筆者]

1章	英斗恋
2章	なんやら商会
3章	勝田有一朗
4章	勝田有一朗
5章	I/O 編集部

質問に関して

本書の内容に関するご質問は、

① 返信用の切手を同封した手紙

② 往復はがき

③ FAX (03) 5269-6031

　　(ご自宅の FAX 番号を明記してください)

④ E-mail　editors@kohgakusha.co.jp

のいずれかで、工学社編集部宛にお願いします。電話によるお問い合わせはご遠慮ください。

サポートページは下記にあります。
[工学社サイト] https://www.kohgakusha.co.jp/

I/O BOOKS

PC パーツの選びかた

2022 年 3 月 30 日　初版発行　ⓒ 2022

編　集	I/O 編集部
発行人	星　正明
発行所	株式会社工学社
	〒 160-0004 東京都新宿区四谷 4-28-20　2F
電話	(03) 5269-2041 (代) [営業]
	(03) 5269-6041 (代) [編集]
振替口座	00150-6-22510

※定価はカバーに表示してあります。

[印刷] シナノ印刷 (株)

ISBN978-4-7775-2190-6